来敲门 当幸福

青少版

编著◎ ——移然

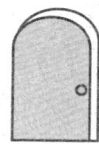
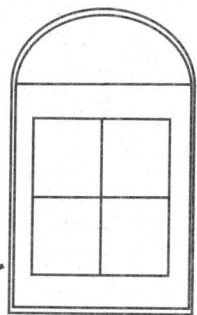

哈尔滨出版社
HARBIN PUBLISHING HOUSE

图书在版编目（CIP）数据

当幸福来敲门 / 移然编著 .—哈尔滨：哈尔滨出
版社，2011.5（2016.12 重印）
　　ISBN 978-7-5484-0462-0

Ⅰ.①当… Ⅱ.①移… Ⅲ.①青少年心理学
Ⅳ.① B844.2

中国版本图书馆 CIP 数据核字（2011）第 008171 号

书　　名：**当幸福来敲门**

作　　者：移　然　编著
特约编辑：李异鸣　杨　肖
责任编辑：颜　楠　孙　迪
装帧设计：小萌虎文化设计部：李心怡

出版发行：哈尔滨出版社（Harbin Publishing House）
社　　址：哈尔滨市松北区世坤路 738 号 9 号楼　　　邮编：150028
经　　销：全国新华书店
印　　刷：北京中振源印务有限公司
网　　址：www.hrbcbs.com　　www.mifengniao.com
E - mail：hrbcbs@yeah.net
编辑版权热线：（0451）87900271　87900272
销售热线：（0451）87900202　87900203
邮购热线：4006900345　（0451）87900345　87900256

开　　本：787mm×1092mm　　1/16　　印张：14.25　　字数：240 千字
版　　次：2011 年 5 月第 1 版
印　　次：2016 年 12 月第 2 次印刷
书　　号：ISBN 978-7-5484-0462-0
定　　价：32.00 元

凡购本社图书发现印装错误，请与本社印制部联系调换。**服务热线：**（0451）87900278

第一章　让梦想导航

CONTENTS

第二章　强者不低头

CONTENTS

第三章　自信者生存

CONTENTS

第四章 思考带来力量

第五章 智慧赢得财富

CONTENTS

第六章 友善的光芒

CONTENTS

第七章　命运挑战者

CONTENTS

第八章 创新有新天

CONTENTS

第一章　让梦想导航

引言：

　　梦想的力量让一个人在困境之中不会低头，梦想的感召让一个人在困难面前变得强大。梦想有着神奇的魔力，它让一个平凡的人变得光芒四射，让一个平庸的人创造出奇迹！我们都有自己的梦想，但在通往梦想的道路上，我们都要遭遇难以想象的艰难险阻，当汗水一滴滴掉落下来，梦想的花朵才会缓缓开放，释放出迷人的芬芳。

站上最高的舞台

只要你心怀这样的梦想，妈妈相信你一定可以站到最好的音乐厅的舞台上为大家演奏。

有一个叫做杰米的年轻人对音乐非常痴迷，他热爱所有的乐器，并且很热衷于学习新的曲子。而他最擅长和喜爱的乐器便是小提琴，每当听到小提琴悠扬的声音，他便如痴如醉。

杰米的母亲看到自己的孩子这么热爱音乐，便对他说："孩子，你既然这么热爱音乐，就去英国学习吧。在那里，你可以找到世界上最好的小提琴家作为你的老师，也可以在最绚烂的舞台上为大家演奏你的音乐。"可是杰米却害羞地摇摇头说："妈妈，音乐厅的大门只为那些音乐家敞开，我怎么会站在舞台上呢。"母亲慈爱地拍拍他的肩膀说："只要你心怀这样的梦想，妈妈相信你一定可以站到最好的音乐厅的舞台上为大家演奏。"

在母亲的鼓励之下，杰米来到了英国伦敦，在这里果然有很多出色的音乐家。但是对于身无分文的杰米来说，他首先要解决的是自己的生存问题。无奈的杰米来到街上，在一家银行前面遇到了一个黑人琴手，他在银行的门口演奏小提琴，而来往的行人便会在他面前的盒子里放进一些零钱。

看到这些，杰米觉得自己找到了生存的办法。他对黑人琴手说："我可以和你一起在这里演奏吗？我现在身无分文，已经没有办法生活了。如果再找不到工作，我就会被饿死，我的音乐梦想也就没有机会实现了。"

黑人琴手笑着说："你当然可以过来一起演奏，我保证你可以赚到足够的生活费。不过你的梦想是什么呢？"

杰米兴奋地说："我要在伦敦最大的音乐厅去演奏小提琴。"

听了他的话，黑人琴手居然笑了，他指了指自己手中的小提琴说："我手中的小提琴虽然没有进到最大的音乐厅中去，却也一样在演奏着音乐。相信我伙计，你会忘记那些所谓的梦想的。"

杰米对于黑人琴手的嘲笑并不理会，他很快就和黑人琴手一起演奏，来赚取生活费了。这家银行门前繁华的大街上人来人往，再加上杰米的琴拉得非常好，因此一天下来，他居然赚了不少钱。

到了晚上收工的时候，黑人琴手对杰米说："伙计，今天赚了不少钱，去和我喝一杯吧。"

杰米笑着说："不，我要把这些钱存下来，作为学费。"

黑人琴手诧异地说："难道你没有发现在这里拉琴很赚钱吗？我们在这里就可以生活得很好了，让那些音乐厅都见鬼去吧！"

可是杰米却依旧不为所动："去音乐厅拉琴，是我的梦想。我一定要成为首席的小提琴手！"

凭借着坚定的信念和对梦想的执著追求，杰米开始了这样的生活：他每天早早起床练习，走在路上的时候也在默诵着琴谱。在银行门口拉琴的时候，他的眼中似乎没有来往的行人，广阔的城市就像他的舞台一样。杰米将钱全都积攒起来，梦想着将来有一天可以进入音乐学院学习，他省吃俭用，过着最艰苦的生活。

经过了两年的坚持，杰米对黑人琴手说："老兄，我要离开这里了。"

黑人琴手诧异地问："为什么？你觉得这里赚的钱不够多吗？"

杰米说："不，是因为这里没有我的梦想。"

杰米来到一所音乐学院求学，在这里他依旧保持着省吃俭用的习惯，将他并不多的积蓄全部投入到了学习之中。每当别人在玩乐的时候，杰米总是一个人默默地在琴房练习。慢慢地，老师也注意到了这个勤奋的小伙子，他虽然衣着朴素但却永远是最用功的那个学生。在老师的栽培之下，杰米的琴艺得到了飞速的提升。

十年过去了，当杰米又一次走过自己曾经拉琴的银行门口时，他看到了一个熟悉的身影——那是当年和杰米一起拉琴的黑人琴手！杰米开心地跑过去和黑人琴手拥抱在一起，两个久别重逢的老友看上去都有一些变化。

黑人琴手问杰米：“你现在在哪儿拉琴？”杰米说了一个很著名的音乐厅的名字，黑人琴手拍着他的肩膀说：“不错啊！那家音乐厅人很多，你在它门口拉琴一定可以赚很多钱。”

其实，黑人琴手哪里知道，经过了这么多年坚持不懈的努力，杰米已经获得了音乐界的肯定，他不仅得到了大师的指点，还站在了最大音乐厅的舞台上演奏，此时的杰米已经是这家音乐厅的首席小提琴手了！

≪ ◀ 梦想敲门声 ▶ ≫

每一个人都有自己的梦想，但却并不是所有人都能实现自己的梦想。这其中的差别是什么造成的呢？一个意志坚定的人会将自己的梦想作为奋斗的目标，即便是遭遇到生活的困苦也不会退缩；而一个意志薄弱的人却仅仅将梦想挂在嘴上，一旦遭遇坎坷或者受到诱惑，就会很快迷失了方向。所以那些可以将梦想实现的人，必然具备着坚定的信仰和坚强的毅力，只有这样才能在追寻梦想的道路上走得更远。

杰米的梦想看似非常遥远，但是母亲的鼓励和他对音乐的向往，支持着他坚定地朝着这个目标前进着，当他遭遇挫折连生活都无法保证时，梦想的力量让他毫不退缩；而当他获得了一个赚钱的机会，可以让自己暂时过上安逸的生活时，他也没有将梦想抛到脑后。

　　杰米一直都在坚持着，即使被人嘲笑，也从不放弃登上最大的音乐厅拉琴的梦想。为了这个梦想他付出了很多努力，而最终这些努力都给予了他回报——他终于站在了音乐厅的舞台上，为观众们奏起最优美的音乐！这就是梦想的力量，它让一个人可以爆发出无限的潜力，让遥不可及的梦想变成现实。

不愿被保证的生命

我们每个人的生命，都不需要被别人保证。

在城市中最雄伟的会展中心里，人头攒动，闪光灯频频闪烁，显得热闹非凡。原来有一位知名的学者在这里进行演讲，每一个人都被他渊博的知识和丰富的经历所吸引，津津有味地讨论着学者充满睿智的每一句话。但大家都非常好奇：一个如此年轻的人，怎么会拥有这么多学识、这么高深的见解？每个人都想从他的身上找到他如此优秀的秘诀。

在接下来的采访中，记者代表所有听众提出了这个问题："是什么原因让您可以拥有现在这么卓越的学识呢？是您特别聪明，还是您的家世背景特别好？抑或您有什么秘诀？可以告诉大家吗？"

学者微笑着说："其实我一点都不聪明，小学的时候我的数学成绩在班里都是倒数第一名；我的家世也不是很好，父亲只是一个普通工人，母亲常年卧病在床。但我还是要感谢我的父亲，因为我之所以拥有今天的成就，都是因为他的一句话。"

见大家都凝神望着自己，学者便讲起了他小时候的一个故事：

我在小学的时候，并不是班上最优秀的学生。我的父亲是一个普通的工人，母亲因为身体羸弱不能工作，还常年需要医治，而我又有好几个兄弟姐妹，所以家里非常拮据。我从小就要担负起沉重的家庭担子。每天我都要早早起床去替别人卖报，下午放学还要帮饭店老板运菜，以便赚取微薄的薪水贴补家用。

父亲是这个家庭的顶梁柱，但是生活已经将他的腰压得直不起来了，随着日子越来越难过，他的脾气也越来越暴躁，我们都小心翼翼地看着他的脸色，深怕他发起脾气来会揍我们。

虽然打零工让我不能专注于学习，导致各门功课成绩平平，但我对于历史却非常感兴趣，并且很有天赋，对那些有趣的事件和人物熟记于心。所以在一次历史考试中，我出乎意料地得到了满分的好成绩，历史老师都非常惊讶，他拿出一本图册对我说："历史能得满分的学生，在我所教过的学生里你还是第一个。所以我打算奖励你：这本图册送给你吧！"

在全班同学美慕的眼神中，我骄傲而羞涩地抱着那本精美的图册回了家。还来不及向别人炫耀，我就要开始帮助姐姐做晚饭了。但那本图册却像磁石一样吸引着我，于是我一边向炉子里投柴，一边翻开图册如饥似渴地阅读起来。

那是一本印刷非常精美的图册，里面介绍了世界各地最优美的风光、最奇异的风土人情，让我瞬间就沉迷在其中。因为太过专注，我没有发现炉子里的火已经非常高，直到一根着火的柴掉出来，点燃了地上其他的干柴。父亲拖着疲惫的身体刚一进门，就看到我脚下的火，他急忙奔过来灭了火，又气愤地打了我一个耳光。

不知道发生什么事的我只是茫然地看着父亲，而父亲捡起掉在地上的图册，看到我正阅读的介绍埃及风光的图片，暴躁地叱责我："火已经快要烧光我们的房子了，你还在看这个！你想去这里吗？你想去埃及吗？"接着，父亲用最大的声音冲我喊道："我保证：你一辈子都去不了埃及！"说完他便扔掉那本书，转身走掉了。

姐姐不停地安慰我，但依旧不能平复我的心情。我难过并不是因为害怕，也不是因为被打过耳光之后的疼痛，而是因为父亲那一句"我保证"。年幼的我不懂父亲为什么要那么对我保证，那一句话比他打在我脸上的耳光更让我心痛，这是一种从来没有过的感觉。我的心里有一个声音一直在喊：我不要被你保证！我就是要去埃及！我一定要去埃及！

这件事过后，家人都发现我变了，每天比往常起得更早，用来学习；然后去送报、上学。晚上回家后，也不再和别人闹着玩，而是抓紧每一分钟去完成功课。在学习之余，我总是打开那本图册，翻到埃及那一页，看着那迷人的埃及风光，耳畔响起父亲所说的："我保证你去不了埃及！"我一遍遍地在心里呐喊："我不要被你保证！"

在这种力量的支撑下，我的学习成绩很快提高了，我受到了很多嘉奖，获得了很好的学习机会，不断进入最好的学校。终于在十多年后，我在历史学研究中取得了不错的成绩，有了一个出国旅游的机会，朋友们都建议我去美国，但我毅然选择了埃及。当别人问起为什么会有这个选择时，我告诉他们："因为我的生命不愿意被保证。"

最后，学者对那些因聆听这个故事备受感动的听众们说："我们每个人的生命，都不需要被别人保证。被保证，就是按照别人的意图去进行自己的人生，那么这个人的生命注定只能是碌碌无为，因为他并没有一天是为自己而活。只有不愿被保证的生命，才能拥有真正属于自己的精彩！"

❮ ❮ 梦想敲门声 ❯ ❯

每一个人都有属于自己的未来，但我们不能把自己的前途依赖于别人的定位，失去了自己的理想和目标而只被别人牵着走，又怎么会开拓出精彩的人生呢？宿命论是生活中常常出现的论调，那种被宿命所羁绊的人，都是缺乏意志力的弱者，他们所认定的自己的宿命，只是他们不愿意去努力改变自己的一个借口罢了。

想要做出一番事业，就必须对自己的生命充满激情，对未来有梦想的人不会因当前的限制而放弃梦想，也不会因为别人的眼光而改变方向。如果一个人接受了别人对自己的定论，他的人生就会受到限制，而将别人指定的方向作为自己的目标。

可是有一些人却不会相信别人的定论，他们的生命从来都是充满了力量，可以挣脱各和不利因素的限制，可以不断超越自己，突破那些别人认为不可能的事，让人生不断出现惊喜，从而攀上一个又一个高峰。

演说家之路

弥补自己的缺点，发挥自己的优点，让成为演说家的梦想可以更靠近一点。

在古希腊时期，人们对于演说家都非常崇敬，有一个叫做都摩斯梯尼的年轻人也希望自己可以成为一个雄辩的演说家，可以在众人面前滔滔不绝地演讲，让大家都为他的才华所折服。但是，都摩斯梯尼却有一个致命的毛病，因为他小时候曾经患过口吃，这个毛病让小时候的他经受了很多嘲笑，经过多年的努力之后，虽然他改掉了这个毛病，但说话也只是普通人的水平而已，与那些言辞流利的演说家还有很大的差距。

都摩斯梯尼并没有因为这一点而受到打击，他决定去教授演讲技巧的学校学习，获得成为演说家的技能。背上行囊匆匆来到学校，都摩斯梯尼参加了演讲学校的面试，每一个希望进入学校的学员都需要在教授面前进行一小段演说，让老师看到他们是否具有成为演说家的潜质。

当都摩斯梯尼登场的时候，他紧张得双手紧攥着拳头，手心全都是汗，额头上也冒出豆大的汗珠，这种笨拙的姿态首先就引得在场的人们不断窃笑。而当他一张口，那结结巴巴的说话方式和因为紧张而变得尖利的声音更让人们放声大笑。

受到挫败的都摩斯梯尼颓丧地来到休息室，他已经可以预料到自己会得到什么样的成绩了。果然，教授找到他，告诉都摩斯梯尼他不能进入这个学校获得学习的机会。

　　都摩斯梯尼急忙请求教授："请您让我进入学校学习吧！我知道自己说话不流畅，但是我已经很努力了，如果您见过我小时候说话的样子，就会明白我能像今天这样说话已经是非常大的进步了。如果失去这个机会，我将永远不能成为一名演说家了。"

　　教授拍了拍他的肩膀，对都摩斯梯尼说："年轻人，能够流利地说话是一个演说家最基本的素质。虽然我知道你已经很努力了，但你现在和演说家还有很大的距离，你应该接受这个现实，你在这方面的天赋是有限的，还是寻找其他更适合自己的道路吧。否则，只能是浪费时间。"

　　听了这席话，好像一盆冷水浇在了都摩斯梯尼的头顶，他那成为演说家的万丈雄心瞬间被打击得无处可逃。

　　回到家里，教授的话还一直萦绕在都摩斯梯尼的耳畔，他知道自己的说话能力并不足以和别人相比，但他有灵活的大脑，有与众不同的思想见地，这些难道不是成为演说家的重要条件吗？如果因为说话不够流畅而浪费了自己的想法、放弃了自己的梦想，那么上帝赐予他的那些奇思妙想将永远不会被别人了解，而自己也只能碌碌无为地度过这一生了。

　　梦想的光辉在都摩斯梯尼的心中又一次升腾起来，照亮了他成为演说家的向往，让他再一次充满了勇气。站在镜子前，都摩斯梯尼对镜中的自己说："你一定可以成为一名出色的演说家，永远都不要放弃这个梦想。"

　　了解自己弱点的都摩斯梯尼很快便找到了努力的方向，他首先要让自己能够流畅地表达，于是每天都对着镜子练习说话。但都摩斯梯尼毕竟是一个年轻人，朋友很多，并总是来约他去玩，窗外精彩的世界、美丽的姑娘们，都在诱惑着他走出去玩耍。为了让自己能够静下心来认真练习，都摩斯梯尼作出了一个惊人的决定：他要把自己的头发剃掉一半，让脑袋变成"阴阳头"，即一半有头发而另一半没有。这曾是人们为了惩处罪犯而使用的手段，"阴阳头"其实是对人的一种侮辱，让罪犯不敢见人。古希腊人都非常注重仪表，但都摩斯梯尼为了让自己不再想着出门玩耍，却决定用这种方式使自己禁足。

剃了"阴阳头"的都摩斯梯尼果然变得安静了，他不再想着出去玩耍，每天都专心地在镜子前面朗读、演讲。头发长出来，他又剃掉，如此反复。长期的练习让都摩斯梯尼的舌头越来越灵活，他说话从开始的结结巴巴，逐渐变得清晰流畅。他不仅拥有了能够超越常人的表达能力，还因为广泛的阅读而获得了丰富的知识。

在演讲学校新一年的考试中，一个熟悉的面孔又一次出现了，他虽然带着厚厚的头巾，但却不影响他的语言表达能力，他妙语连珠，连连挫败对手，这引起了考官们的注意。教授认出了这个人，就是去年来过的倔强的结巴青年，他忙走上前去问："年轻人，你是怎么做到这么巨大的转变的？"

都摩斯梯尼笑着摘下自己的头巾，露出那还参差不齐的头发，对教授说："您指出了我最大的缺点，但却没有发现我最大的优点。而我并没有放弃自己的梦想，所以，我弥补了自己的缺点，今天才得以站在这里。您认为我现在可以成为一名演说家了吗？"

教授点点头说："当然可以，因为你拥有成为演说家最好的天赋。"

❮❮ 梦想敲门声 ❯❯

梦想固然是诱人的，但为了实现它，我们需要付出极大的艰辛，如果做不到，那它便只能是一个梦。坚强的决心和顽强的意志可以为一个人带来巨大的改变，有了梦想在前方召唤，一个人就会全力以赴地朝它前进。对梦想充满无限热忱，才能激发出一个人最大的潜能。

都摩斯梯尼是古希腊著名的演说家，人们在被他雄辩的才华所折服的时候，不知道他曾经为了这个梦想付出了多大的努力。让一个口吃的人可以流利地说话已经是一件难事，而让他和别人辩论、发表演讲更是难上加难。可是这一切的困难因为有了梦想光辉的照耀而不值一提，当他全神贯注地朝着梦想前进的时候，这些看似不可能克服的障碍全部被一跃而过。

世人都折服于他的成功，认为他受到了幸运之神的青睐，而他所付出的汗水却少有人提。他的努力终于得到了回报，梦想也终于实现。因为他敢于为梦想努力，因为他拥有着别人无法企及的顽强意志。

英语狂人的疯狂梦想

鼓起勇气朝梦想前进，你会变得强大，克服你所面对的任何困难。

疯狂英语的创始人李阳是一个非常善于表达的人，他在任何场合都能侃侃而谈，对英语教学也作出了卓越贡献。但谁会想到，小时候的李阳是一个内向到连电话都不敢接的男孩呢？

李阳的少年时代非常"怕生"，他总是躲在父母的身后，不敢和别人打招呼，以至于邻居有一段时间都忽略了李家有这么一个孩子。为了锻炼孩子，父亲要求喜欢看电影的李阳每次看完电影后都要复述内容，这对李阳来说是一个很大的难题，为了躲避这一"折磨"，李阳甚至放弃了看电影这个最大的爱好。有一次，母亲带李阳去看鼻炎，在进行电疗的时候，医生的设备漏电不小心烧到了他的脸。可是因为不敢讲话，李阳居然一直忍着痛没有告诉别人。直到现在，他的脸上还留着那次事件带来的小伤疤。那时的李阳，用"丑小鸭"来形容是最恰当不过的了。

不仅如此，小时候的李阳学习成绩还非常差，他总是在躲避老师和同学，曾多次向父母提出要退学，但只因父母的坚持才勉强读到了高中。进入高中之后，看到身边的同学都非常努力，李阳也开始主动学习，最后居然考上了一所大学的力学系。这一成功让李阳非常高兴，因为在他的内心深处并不是没有梦想，他一直期望自己可以变成一个能言善辩、卓越优秀的人，只是苦于没有突破而已。

在李阳的大学时代，改变命运、实现梦想的时机终于到来了。他疯狂地喜欢上了英语，在学习英语的过程之中，他感受到前所未有的愉悦。李阳暗自发誓：我一定要学好英语！

有了这样的想法之后，李阳一扫从前浑浑噩噩的状态，开始集中精力用心学习。为了避免受到别人的干扰，他找到了学校后面的一个烈士陵园，这里非常安静，平常根本没有人来，但是却成了他的乐园。

为了突破英语口语学习的难关，在烈士陵园静谧的环境中，李阳开始放声朗读，直至最后疯狂大吼。谁料到这一吼居然让李阳得到了灵感：因为大声吼英语时需要精神高度集中，眼睛飞快地阅读，脑海中快速地记忆，而口里要不间断地大声地喊出单词，通过喊的过程使声音去刺激大脑，这样就又加深了一层记忆。这个方法让李阳受益无穷，他开始每天坚持去烈士陵园"吼"英语，不管是刮风下雨，还是烈日当空，李阳都会在这里声嘶力竭地"喊叫"。支撑他做到这一切的，只是他一定要学好英语的梦想！

疯狂的方法很快就带来了效果，当李阳出现在学校英语角时，他的口语已经非常流利顺畅了。同学们都非常好奇，纷纷询问他能这么快进步的秘诀是什么，李阳的脑海之中忽然冒出一个念头：我要演讲，告诉大家自己疯狂吼叫学英语的方法！

这个想法让李阳自己也吓了一跳，因为他个性内向、害怕交际，在别人的注视之下说话尚且困难，更何况是演讲呢？但李阳也因为这个疯狂的念头而备感激动，他一直以来向往的事情不就是成为一个备受瞩目的人吗？现在正是实现梦想的机会，又怎么能轻易退缩。

美国社会学家曾经进行过一项调查，发现世界上人们最害怕的事情之一便是当众讲话。李阳深知自己要想获得成功就必须改变封闭的性格，只有走出第一步，才能逐渐迈向梦想。他决定以英语为媒介开始奔赴梦想的旅程——李阳首先请同学们为自己印刷了海报，并到各个地方去张贴，告诉全校的同学有一个叫李阳的家伙要办英语讲座，为大家传授一种神奇的英语学习方法。为了这个演讲，李阳为自己准备了四十多页的演讲稿，深怕自己站在台上时脑中会一片空白。即便如此，在讲座开始的前一夜，李阳还是觉得自己紧张得快要吐了。

这是对自我的突破，是对梦想的一次勇猛进军，李阳气喘吁吁地走上讲台，拿出了自己学习英语时的那股疯狂劲儿，让整个讲座顺利进行了下去。如同梦游一般的他在听到台下雷鸣般的掌声时，才惊觉演讲已经结束了，而且台下的听众都在为他喝彩！

演讲获得了圆满成功，李阳成为了校园名人，他的英语讲座一连进行了十多场，场场都会爆满。李阳朝着梦想迈出的脚步获得了肯定，但他没有止步，因为他又有了新的目标：让中国人都说一口流利的英语！

≪ ≪ 梦想敲门声 ≫ ≫

梦想的力量可以让一个人变得非常强大，甚至超出自己的预料之外，成为另外一个自己完全都不认识的人。

全世界的人都害怕当众讲话，这是每个人都要面对的一个难题，当内向封闭的李阳面对这个难题时，他需要更多的勇气去越过这个障碍。为了跟着梦想的脚步向前，他一直都在挑战自己，战胜自己内心的恐惧所需要付出的努力并不比战胜其他的困难小。经过了不懈的追求，原本以为非常困难的事，居然因为长期的积累而轻松解决了。

李阳的成功告诉我们：内心深处的那些恐惧让我们丧失了很多机遇，越是害怕的事情越需要我们提起勇气去挑战，或许那些曾经令你害怕的事并没有你想象的那样强大。因为当你朝着自己的梦想坚定地前行时，你也会变得更加强大，足以战胜你遇到的所有恐惧。

穷孩子的科学梦

我所凭借的只是对知识的渴望，对梦想的渴望，以及对科学世界奇妙现象本质的渴望。正是因为这种渴望不断促使我奋进和思考，才让我得到这么多成果。

英国著名物理学家法拉第是物理学领域非常重要的人物，他在物理学、化学、电磁学等领域中都作出了重要的贡献。但法拉第并没有从小就接受正规系统的教育，能取得如此耀眼的成就与他为了梦想而不懈努力的精神是分不开的。

法拉第出生在英国伦敦一个穷苦的家庭，他的父亲无力送他去学校读书，只能让他住在马棚里，每天以卖报为生。随着年龄的增长，法拉第开始为图书出版商做学徒，每天都在车间里从事着繁重的体力劳动。

但法拉第是一个勤奋的孩子，虽然没有受到系统教育，但他一直坚持自学，并从所贩售的报纸、印刷的图书中学到了很多知识。在不断的阅读过程中，他被物理学的各种奇妙现象吸引了。有一次，在为出版商装订《大不列颠百科全书》的时候，他发现了一篇介绍电的文章。在这篇文章之中作者介绍了电的产生、用途及很多法拉第闻所未闻的知识，这引起了他很大的兴趣。回到家中，法拉第的脑海里全是那篇文章所介绍的电的知识，他立刻找到一个玻璃瓶、一个旧平底锅，又按照文章的提示准备了几样简单的工具，开始作起发电实验来。

在小法拉第的心里，物理是一门神奇的学科，有很多奇妙的现象引人入胜。他总是利用工作之便寻找相关的资料来阅读，但对于一个穷孩子来说，想要做科学实验似乎是一件不可能的事。法拉第并没有因面前的困难而放弃自己的科学梦，在工作之余，他总会摆弄那些简单的工具，实践书本上的有趣实验，虽然因为材料的限制并不能取得理想的结果，他却依然乐此不疲。

终于有一天，这个总是在折腾物理实验的小男孩引起了一个顾客的好奇心，他观察了法拉第很久，发现只要一有时间法拉第就会做一些小小的实验。于是这位顾客对法拉第说："你只是一个小学徒，又成不了物理学家，何必做这些没用的事情呢？"而法拉第却说："我做这些是因为我喜欢，并不是想要成为物理学家。虽然我只是个小学徒，但人人都可以有自己的喜好，也可以去做自己喜欢的事，为什么我不行呢？"

顾客被法拉第这种执著的精神所感动了，于是决定带他去听一个著名化学家的讲座。法拉第一听，高兴得跳了起来，因为这个名叫弗莱·戴维的化学家是当时最有名的科学家之一。怀着崇敬的心情，法拉第有生以来第一次听了戴维的讲座，在深深地折服于戴维的学识之后，他冒出了给戴维写信的想法，并将自己听讲座的笔记一起托人送给戴维，希望可以得到他的指点和审阅。

这件事过去了很久，法拉第没有收到任何回音，他以为戴维没有看到自己的信与笔记，或者戴维这样的大科学家根本就不会理会他这样的一个小学徒。但是某一个晚上，一辆考究的马车忽然停在了法拉第破旧的房子前，有人为法拉第送来了戴维的亲笔回信。在信中，戴维对小法拉第认真听课的精神给予鼓励，并热情地邀请他到自己的实验室中做客，这简直让法拉第不敢相信。

怀着忐忑不安的心情，法拉第在第二天早晨便拜访了戴维。这位科学家邀请法拉第来自己的实验室工作，虽然只是做一些清洗实验仪器和搬运设备的活，但法拉第依旧干得非常开心，因为这对于他来说是求之不得的。每当戴维做实验的时候，法拉第总是静静地在一旁站着，仔细观察着戴维的每一个操作。在做一些危险的实验时，戴维都会准备一些防护措施，戴上玻璃面罩，但法拉第似乎对此无所恐惧，他依旧全神贯注地看着戴维的一举一动。这种对于科学知识的渴求让戴维非常感动，他认定法拉第是一个可造之材，决定让他做自己的学生，带他一起做实验。

跟着戴维先生学习了一段时间之后，法拉第凭借着自己的悟性和勤奋开始做实验，并且不断提出新的观点，实验成果也让大家非常惊叹。很多一流的科学家对于这个年轻人也极为青睐，纷纷邀请他去给他们作报告。当别人问起他为何会这么聪颖时，法拉第总是说："我所凭借的只是对知识的渴望，对梦想的渴望，以及对科学世界奇妙现象本质的渴望。正是因为这种渴望不断促使我奋进和思考，才让我得到这么多成果。"而当人们问起曾经培育他的戴维这一生最伟大的发现是什么的时候，戴维却说："我这一生之中最伟大的发现就是法拉第！"

◀ ◀ 梦想敲门声 ▶ ▶

就算是出身于贫寒的家庭，就算是再困苦的环境，都无法遏制一个人对于梦想的渴望和追求。

虽然生活的窘迫让法拉第食不果腹，但他的内心却一直燃烧着对科学的向往之情。这种热情支撑着他不断勤奋学习、不断奋进。当他凭借着自己的勤奋得到别人的帮助，凭借着自己的聪颖得到戴维的教导时，正是梦想给予他回报的时候。

从社会最底层走上科学最高峰的法拉第，不仅为了科技的进步作出了巨大贡献，还实现了自己的梦想和人生价值。如果他当年因为环境的困苦而放弃了对梦想的追求，那么世界将会失去一个卓越的科学家，而法拉第自己也将成为一个寂寂无名的人。

真正有意义的梦想

梦想不是不切实际的幻想，而是真正有意义的奋斗目标，是让一个人的人生价值得到体现的事业。

在美国汽车工业巨头福特汽车公司里，来了一个朝气蓬勃的年轻人，这个小伙子以自己出众的才华和工作中的突出表现很快就获得了福特先生的赏识。福特先生决定帮助这个年轻人，让他可以获得更快的成长。

福特问年轻人："你一生之中最大的梦想是什么？"

年轻人毫不犹豫地说："我最大的梦想就是可以赚到1000亿美元！"

此话一出口，让福特先生深感诧异，因为福特汽车的财产也不过是一百亿美元而已，一千亿美元就相当于十个福特汽车这样大的公司。于是他不解地问年轻人："那你能不能告诉我，你想用那么多钱来做什么呢？"

这一次年轻人没有很快回答，他想了想，才轻描淡写地说："坦白地说，我也不知道自己要这么多钱能干什么，但您问的是我的梦想，这就是我的梦想，我只是觉得只有这样才算是成功。"

福特先生说："小伙子，一个人如果真的可以拥有那么多钱，那他可以影响整个国家的经济，也可以威胁到整个世界的金融了。要想获得那么多钱，是一件非常遥远的事情。有梦想固然是一件好事，但我们要想好为什么要有这样的梦想，如果只是一个不切实际的幻想，那就是没有意义的梦想，它不能给人的价值带来任何作用，也不会让你的人生因此获得圆满。"

说完这些话，福特先生便转身离开了，从此再也不理会这个年轻人。因为在福特的心中，这个年轻人已经成为了目空一切而且不切实际的人，他所谓的梦想只是一个极端的幻想而已，经过多年的努力才获得如此地位的福特相信自己看人的眼光——这个年轻人不会有什么大出息。

但福特的一席话，却让这个年轻人深受震动，因为他从未仔细想过梦想的意义。当别人问起他的梦想，他只是想到自己想得到的东西，却从未想过自己为什么要得到这些东西。看着福特先生失望离去的背影，年轻人开始仔细审视自己。

在此后的五年里，福特再也没有接见过这个年轻人，虽然他在福特汽车公司里有着卓越的表现，但却再也不能得到福特先生的赞赏。后来，年轻人离开了福特公司，去寻找属于自己的天地。福特先生认为他肯定会铩羽而归，因为这种不切实际的人一定会遭到现实的巨大打击。

又过了几年，福特先生接到一封信，那个年轻人再次前来拜访他。因为想要看看他这几年的变化，福特决定接见他。当年轻人坐在他面前，福特先生微笑着说："你现在的梦想是什么？"

这个问题再一次出现，当年的那个小伙子已经变得非常沉稳，他对福特先生说："我曾经以为，梦想就是我想要的东西，但现在我已经知道梦想的意义并不是让我自己满足，而是为更多的人带来帮助。我以前的梦想是得到一千亿美元，但是现在，我的梦想是建立一所大学，来让更多的人受到良好的教育，改变他们的人生。"

听了这些话，福特点点头，问他："那我可以帮你做点什么，来让你的梦想尽快实现吗？"

年轻人笑着说："当然可以，我这次来拜访您，就是希望可以得到您的帮助。这些年来，我为了创立学校四处筹款，经过不断努力已经得到了700万美元，但要建立一所好的大学需要800万美元，所以还有100万没能实现。希望可以得到您的援助，补齐所缺的100万美元，让这所学校尽快地建立起来，让学生们可以尽快入学。"

福特说："这个梦想很有意义，我会给你这100万美元。"

经过福特先生的帮助，年轻人很快就建立起这所大学，他的名字叫做本·伊利诺斯，他与福特一起建立的学校正是全美最著名的大学之一——伊利诺斯大学。这所大学长期以来都得到福特汽车公司的赞助，伊利诺斯的梦想实现了，而对于当年那个1000亿美元的梦想，他从此再未提及。

≪ ≪ 梦想敲门声 ≫ ≫

梦想究竟有多远大，才足以证明一个人的价值？而财富和一个人的成功是否有关系？这些问题对于每一个追求梦想的人而言，都是必须思索的，因为得出的结论不同，大家所走的梦想之路就不同。

有些人通过获取财富来证明自己，只有当他的财富积累越来越多，他才认为自己的梦想实现了，而这些财富对于别人是否有贡献则不在其考虑范围之内；有些人盲目地制订了遥远的目标，认为只有远大的目标才称得上梦想。

梦想的意义被无数次误解，梦想的价值衡量标准也不断被质疑，判断一个人的梦想价值，要看他对社会所作出的贡献。因为他的努力，让更多人受益，对别人而言是一件有意义的事情，对他自己来说也最大程度地实现了个人的价值，那么这就是梦想的真谛。

快来树立一个有意义的梦想吧，不用太远大，更无须包括太多财富，只要它有意义，我们就足以实现自己的人生价值。

虚掩的门

当吉·海因斯碰到终点线上那条绳子时，他的力度如此之轻，
却打开了让世界为之震惊的大门。

墨西哥曾在 1968 年承办过一届奥运会，在当届奥运会比赛中，出现了人类历史上第一个将百米赛跑的成绩推进到 10 秒以内的选手，他就是美国选手吉·海因斯。当他风驰电掣般地跑过百米赛道，用 9.95 秒的成绩打破世界记录，更打破了人类百米速度的 10 秒大关时，整个观众席都沸腾了！大家用欢呼来表达着内心的激动，而吉·海因斯气喘吁吁地看到眼前 9.95 秒的记分牌时，也不敢相信自己的眼睛，他摊开双手喃喃自语地说了一句话。遗憾的是，在当时人声鼎沸的环境之下，没有人听到他说什么，连他身边的话筒也没能记录下这一句。这一个场面在经过电视转播之后，被全球几亿观众看到了，但当时的人们只看到吉·海因斯表情感慨地动了动嘴，却不知道他说了什么。

这件事过去 16 年后，1984 年美国洛杉矶又承办了新一届奥运会。在比赛开始前夕，一个名叫戴维·帕尔的体育记者拿出了以前奥运比赛的录像，回放着这些资料片，希望从中找到一些电视节目素材。当戴维·帕尔看到吉·海因斯奔驰过赛道之后喃喃自语的表情之后，也非常激动，这是一个值得纪念的时刻：人类历史上第一次有人在百米赛道上突破 10 秒大关。而海因斯在打破记录之后的喃喃自语，也被戴维·帕尔看在眼里，他觉得那一定是一句非同凡响的话。为了搞清楚海因斯说了一句什么话，戴

维·帕尔决定去采访他。

16 年虽然是漫长的，但夺冠那一刻的激动却在吉·海因斯看到录像时重新浮现，他一下子就想起了自己当时所说的话，他告诉戴维·帕尔："我说的是：上帝，那扇门原来是虚掩的！"

凭借着体育记者敏锐的职业感觉，戴维·帕尔知道海因斯绝对不是随便说那句话的，他立刻采访海因斯讲这句话的缘由。在他的追问之下，吉·海因斯娓娓道出了自己当时的感想。

在百米赛道上，短跑运动员们不断创造着奇迹，人类百米的速度不断被刷新着，直至 1936 年在柏林所举办的奥运会上，美国出现了一名天才的短跑运动员欧文斯，他让百米速度提升到了 10.03 秒。这一速度是前所未有的，后来的运动员虽然都在不断努力突破，可是在 30 年里居然没有一个人能够超越欧文斯的记录。医学界的权威詹姆斯·格拉森医生更断言：人类的肌肉纤维所能够承载的极限运动力是不能超过每秒 10 米的，因此在 10 秒之内跑完一百米是一件不可能的事。10 秒成了百米赛道的极限，也成了所有运动员不能突破的成绩。

在吉·海因斯成为运动员之后，"10 秒极限"的说法已经畅行，一段时间以来吉·海因斯也非常相信这种说法，他认为自己不可能在 10 秒之内跑完百米跑道。但是吉·海因斯是一个坚韧不拔的人，他希望自己可以创造出更好的成绩。为了实现这个梦想，他坚持不懈地努力训练，而他的目标就是超越 10.03 秒，取得 10.01 秒的百米跑道成绩。

虽然只有 0.02 秒的差距，但对于已经达到"极限"的短跑运动员来说，却是一个艰巨的任务。前辈欧文斯的卓越表现令人备感压力，而医学家的论断更在心理上让他们放弃了争取的动力。吉·海因斯的跑道之梦因此做得非常艰辛，无数个日子里，他在跑道上挥洒着汗水，为了获得一点点的提高而不顾伤痛地训练着。在长达数年的训练之中，吉·海因斯对自己提出了严格的要求，他每一天都要求自己用最快的速度跑完 5 公里。对于短跑运动员来说，这么长的赛道训练完全没有必要，但是吉·海因斯却告诉自己：百米冠军不一定是在百米赛道上练出来的，他需要有更艰苦的训练计划，才能跑出好成绩。为了实现冠军梦，为了让自己突破那 0.02 秒，他要付出更多。

对于追求梦想的人来说，能够为了梦想而付出是一件幸福的事情，吉·海因斯一点都没有觉得训练有多苦，反而乐在其中。功夫不负有心人，在墨西哥奥运会上，他终于获得了冠军。但更让他感到诧异的是：他居然突破了不可能超越的极限，打破了"10 秒极限"的咒语，不仅完成了 10.01 秒的梦想，更不可思议地进入到人类运动"极限"时间之中！

吉·海因斯看到记分牌时简直不敢相信自己的眼睛，他以为 10 秒的大门是紧紧关闭的，直到此时他才发现：那扇门不过是虚掩的，当他轻轻一推，便将门打开了！当吉·海因斯碰到终点线上那条绳子时，他的力度如此之轻，却打开了让世界为之震惊的大门。

听了吉·海因斯的故事之后，戴维·帕尔备受感动，他将这个故事写成了一篇报道，终于让大家知道了吉·海因斯为了梦想而不懈努力的故事。但是对于诸多热爱体育的观众们来说，这篇报道的意义绝不仅限于此，吉·海因斯那句话才是最重要的启迪。

≪ ⟨ 梦想敲门声 ⟩ ≫

对于勇于追求梦想的人来说，"奇迹"和"极限"也会给他们带来压力，而他们之所以超越极限，所凭借的正是对梦想的执著。

经过了几千年的发展，人类社会已经在各个领域之中创造出了许多奇迹，完成了很多原以为不可能达成的任务。每一个奇迹的出现，都是令人欢欣鼓舞的，但随着时间的推移，"奇迹"却也成了限制人们发展的障碍。因为大家将"奇迹"作为终点，认为自己再也没有办法超越那条线了。

有多少人因为"奇迹"和"极限"而放弃了对梦想的追求，颓然而退？又有多少人望着眼前的高山失去了他本可以获得的成就？由此看来，"奇迹"和"极限"并不一定是值得骄傲的，因为它也会扼杀人们的挑战欲望。

当一个人真正地为梦想而付出，就会发现很多的"奇迹"和"极限"都是可以超越的，很多的门都只是虚掩的。把沙石奉献给高山，你会发现巍峨的大门其实只是虚掩着；把溪流奉献给海洋，你会发现浩瀚的大门其实只是虚掩着；把你的汗水奉献给梦想，你会发现丰收的大门只是虚掩着；把你的梦想奉献给蓝天，你会发现飞翔的大门也只是虚掩着。只要我们将自己的努力奉献出来，你会发现属于我们的成功大门，也是虚掩着。

第二章　强者不低头

引言：

　　人生就好比攀爬一座巍峨的高山，能够到达顶峰是每一个人的心愿。然而，生活并不会让人人都得遂其愿，它总是在我们前进的道路上设置各种羁绊，挑战登山者的勇气，让前进的脚步变得缓慢。懦弱的人会在这些挑战面前甚缩。因为他们不敢去与之斗争；而强者却将这些挑战当做自己前进的垫脚石，踩着它们更加大踏步地向前。

用智慧战胜对手

将一个大目标分解，每一个小目标的到达，都意味着我到达终点的距离缩短了，这让我对自己充满了信心，而这远比将四十公里以外的终点当做目标来得容易。

在 1984 年的东京国际马拉松邀请赛中，爆出了一个冷门，一位名不见经传的日本选手成为本次比赛的黑马，出人意料地夺得了世界冠军。

这名日本运动员名叫山田本一，当他激动地抱起奖杯的时候，观众都为他卓越的成绩而欢呼起来，记者们也都蜂拥而至，纷纷向这位冠军提出了他们心中的疑问："山田先生，在之前的马拉松比赛之中，您的成绩并不是那么理想，为什么会在这次决赛之中表现得这么优秀，您有什么秘诀吗？"山田本一只是羞涩地笑一笑，向大家鞠躬说："我并没有什么秘诀可言。"记者不愿意就此放弃，继续追问："那你是凭借什么打败对手的呢？"山田本一只说了一句话："我用智慧战胜了对手。"

当矮矮的山田本一抱着鲜花离去之后，记者们对于他的回答显然并不满意。这个矮个子的日本人好像是在故弄玄虚一样，因为马拉松比赛是一场体力和耐力的考验，在漫长的比赛过程中只有那些拥有超强身体素质和耐力的运动员才可以获得最后的成功，而爆发力与速度反而不是很重要。再强的爆发力，也不足以支持运动员跑过四十多公里，再快的速度也不能让运动员保持数小时。在以往的比赛之中，黑人选手往往会因其过人的身体耐力夺冠，本次比赛中又矮又瘦的日本选手能够胜出，很多人都认为这是他的运气好，再加上比赛在日本举行，这只是借助了地主之便而已。

在经过一番讨论之后，记者们都认为山田本一的夺冠，运气的成分更多一些，不愿意承认他本人的实力。于是各种报道之中，山田本一被记者们无情地挖苦嘲笑，而他所说的"凭借智慧战胜了对手"的话，也成为记者们嘲笑的理由。

两年之后，国际马拉松邀请赛在意大利北部城市米兰进行，山田本一作为日本队的代表来到这里，在众人的期盼之中，他又一次获得了世界马拉松比赛冠军。谁能够凭借好运在世界性比赛之中两次夺冠呢？于是记者们又一次追问山田本一，想要知道他的获胜秘诀。

不善言谈的山田本一只是谦虚地对大家微笑着，当记者提问的时候，他的回答和两年前一模一样："用智慧战胜了对手。"这一次，记者们相信了山田本一的实力，对于他的这句话却依然迷惑不解。

这个谜题在十年之后才得以解开，山田本一在被不断追问之后，终于在他的自传里说出了这句话真正的含义："我曾经参加过很多次马拉松比赛，但是成绩并不是很理想，为了获得好的成绩，我必须要不断提升自己的体力。作为一个亚洲人，去和运动细胞非常活跃的非洲运动员比赛，压力非常大。而马拉松所要考验的耐力，也是非洲运动员的优势。这些就像一座大山一样横在我的眼前，阻拦着我的冠军之路。在经过长久的思考之后，我终于找到了战胜对手的办法：在每次比赛之前，我都会先乘车去仔细地观察比赛路线，40多公里的赛程要经过很多地方，我会把沿途比较醒目的标志都画下来，比如出发之后不久就会遇到一个银行，我就以它为标志；再行进一段路程，会遇到一棵大树，之后是一座红色的房子……这样一直画到比赛的终点。比赛开始之后，我会用自己的爆发力和速度全力冲向第一个标志，因为爆发力是我的强项，所以我会很快到达目标。在这里，我会对自己说：'你已经完成了第一步，再加油去完成第二步！'因为第一个目标迅速到达给予的鼓励，让我可以全力冲刺，向着第二个目标前进。每一个目标的到达，都意味着我到达终点的距离缩短了，这让我对自己充满了信心。而这远比将四十公里以外的终点当做目标来得容易。被分解的小目标轻松跑完之后，终点也就到达了。"

后来，山田本一对曾经追问自己的人说："我也曾经被困难吓倒过，飘扬在四十多公里以外终点线上的旗帜看上去遥不可及，我跑上十几公里已经疲惫不堪，到最后只能放弃。但当我运用了自己的智慧，发现自己只不过是被遥远的路途吓倒，我就明白了这些困难并不可怕。"

当人们品读着这位世界马拉松冠军的成功之道，不禁为他超凡的实力而赞叹，更为他在比赛之中所显示的智慧而倾倒。如果生活是一场马拉松比赛，有很多人都会被遥远的目标所吓倒，会被这些困难逼迫放弃自己的追求，如果我们都可以运用山田本一比赛中的智慧，相信每个人都可以成为生活中的冠军。

≪ ◀ 坚强敲门声 ▶ ≫

强者之所以成为强者，是因为他们不向困难低头，也是因为他们可以运用自己的智慧扫清障碍。而有时，困难并非我们所想象的那么强大，我们只是因为怯懦将它们放大了而已。

在现实中有很多人做事会半途而废，徒留深深的遗憾。人们往往将放弃的原因归结为难度过大，觉得困难不可战胜，成功离我们太远。但当我们看到山田本一所解密的成功秘诀时，会发现之所以放弃，不是因为困难太强大，而是因为自己的倦怠。

在人生的旅途之中，如果可以实践山田本一的智慧，将那些看似遥远的目标分解，将大困难划分为小难题，成功也会随之变得容易很多。

感恩生活中的磨难

这太好了，这种事居然发生在我身上，这一定对我有帮助！一定是生活给予我的一个机会，我一定会抓住这次机会获得成长！

在美国的西部淘金时代，像很多怀揣发财梦的年轻人一样，有一个叫做李维的青年也决定前往西部，想要在那里发一笔巨财，改变自己的人生。

经过长途跋涉之后，李维越来越靠近梦想之中的淘金区，可是一条大河却阻挡了他前往西部的道路。无奈之下大家只有一起想办法渡河，但河水太深，越来越多的人被阻拦在这里。慢慢地，有人开始转移目标，向着河的上游或者下游去寻找浅水区，也有人就此放弃了淘金梦，颓然地打道回府。

留下来的人每天都在抱怨着上天的不公，只有李维仍努力保持着心情的平静，因为他有一个理念：生活之中所发生的磨难，其实都是它馈赠给我们的机遇。李维一个人坐在角落里，望着湍急的河流，对自己说："太好了，实在太好了，居然有一条大河拦住了我的去路，这不是困难，而是给我一次机会，它一定会对我有所帮助的！"

河边的人们看着喃喃自语的李维，都以为他已经疯了。可是李维却没有停止自己的念叨，他不停地说着："太好了，这是一次机会！"虽然他不知道自己的机会在哪里，但他坚定地相信磨难一定会给他带来改变的机遇。

功夫不负有心人，李维在河边观察数天之后，终于找到了办法：河边既然有这么多人，他们都急切地想要渡河过去淘金，如果有一条船可以送他们过去，这些人一定不会吝惜钱的。因为只要渡河去西部，就会有发大财的机会，谁也不会为了几个小钱而放弃发财的机会。

想到这些，李维迅速地打造了一艘小木船，用它来送这些被拦住的淘金客过河，淘金客们果然纷纷解囊支付了船费。就这样，一个困难变成了李维获得第一笔财富的机会，他每天所念叨的"困难变机遇"果然变成了现实。

在淘金客们慢慢被送过河之后，被阻拦的人越来越少，而模仿李维摆渡的人却越来越多。李维发现通过摆渡来赚钱已经很困难了，要放弃收益颇丰的工作在很多人眼里都是一个令人遗憾的决定，可是李维却对自己说："这太好了，我居然要放弃这项收入不错的工作，去寻找新的机会了。这不是生活带给我的磨难，而是它给我的另一次机会，我一定要好好珍惜这次机会！"

带着这样的信念，李维卖掉自己的船，开始继续前往西部淘金。来到西部之后，他看见到处都是淘金客的身影，人们各自圈住一块儿地，在那里挖掘金矿石。李维也效仿别人开始圈地挖掘，但没挖几铲，就被几个壮汉围住，警告他不许在这里挖，因为这一带都是他们的地盘。

还没来得及争辩，就已经被拳打脚踢的李维，只好灰溜溜地离开了自己的地盘。可是不管他换到哪里，都会遇到那群人来挑衅。被轰来轰去的李维在每次遭到欺侮之后，只能眼睁睁看着恶人扬长而去，可是他没有因此而颓废。他又对自己说："这太好了！他们居然不让我在这里挖金矿，看来这是生活给予我的另外一次机会，这一定对我有帮助！"虽然脑海中并没有应付这些恶人的办法，但李维还是一遍一遍地对自己说着这样的话。当他看到那些掘金的工人们都口渴难耐的时候，脑海中灵光一闪——为什么不去卖水呢！

生活又一次用磨难的形式给了李维新的机会，他放弃了挖掘金矿，开始卖水。虽然金矿有很多，但他无力与别人竞争；可是水很少，根本没有人想和他竞争，所以他的卖水生意开展得红红火火。来掘金的人不一定都能挖到金矿，很多人都空手而回，可是不掘金的李维却因为卖水而积累了很多财富。

当李维卖水的生意越来越好时，他的身边又出现了那群壮汉，他们发现卖水很好赚钱，就厉声要求李维放弃卖水，因为他们要接过这个生意。心存侥幸的李维不想轻易放弃这条财路，却被这群人一顿暴打，甚至拆毁了他的水车。无奈的他只好接受这个现实，放弃卖水。

在遭受如此打击之后，李维依旧保持着自己的乐观精神，当那群恶人离去后，他又一次充自己说："这太好了，这种事居然发生在我身上，这一定对我有帮助！一定是生活给予我的一个机会，我一定会抓住这次机会获得成长！"反复念叨着这些话，李维开始观察身边的人，他发现矿工们由于繁重的劳作，衣服很容易被磨破。同时，这里遍地都是那些放弃淘金的人留下的帐篷。看到帐篷结实的帆布材质，李维想到了一个绝妙的主意：他把废弃的帐篷收集起来，洗干净之后缝成了牛仔裤卖给矿工。这种结实耐用的衣服很快就获得了大家的喜爱。

举世闻名的"牛仔大王"李维就此诞生了，他所制作的牛仔裤很快就风靡了全球。当年西部淘金的人没有多少成为富翁，而那个被迫放弃淘金的李维却因此成为闻名世界的大富豪。

≪ ≪ 坚强敲门声 ≫ ≫

生活对每一个人都会设置很多难题，这些难题吓退了那些期望成功的人，因为困难似乎不可逾越；但是对于强者来说，生活的磨难其实是机遇，在这些困难的背后隐藏着很多有待挖掘的机会，这些机会正是改变生活的契机。

在李维所遭遇到的一次又一次打击之中，每一次都看似充满了生活的不公，足以让人愤懑不平。可是李维并没有因此颓丧，他用一颗乐观的心和冷静的大脑去发现这些磨难背后所隐藏的机遇。

正是因为对生活所给予的磨难抱着一颗感恩的心，让他不将磨难当做磨难，而是当做一次帮助他成长并获得成功的机会，李维才能一次又一次地获得成功。

挑战 "不可能"

如果这是命运交给我们的挑战，那就只有最坚强的战士才可以战胜阿尔卑斯山中的风雪，顺利翻越这道天堑，得到属于勇敢者的胜利。

在人类历史上曾经有一位优秀的军事家，他的名字风靡于整个欧洲大陆，令敌人闻风丧胆，他的军队所向披靡，几乎无往不胜。他就是来自法国科西嘉岛的那个小个子男人——拿破仑·波拿马，一个在世界历史上写下重要篇章的伟大人物。

拿破仑·波拿马的一生都在战争之中度过，他所参与的战争都那么具有传奇色彩，因为他能够创造出令人不敢相信的战役，总是出其不意地击败信心十足的敌人。但是任何一个奇迹的出现都和拿破仑的能力与胆识紧密相连，正因为他是一个不肯轻易低头的人，所以才会不断创造奇迹。在他参加的诸多战役之中，冒着严寒率领军队穿过险峻陡峭、白雪皑皑的阿尔卑斯山，并且一举击败装备先进的英国和奥地利联军，就是一次极富传奇色彩的经历。

当得知自己的手下最为得力的将军马塞纳所率领的精锐部队被英国奥地利联军围困时，拿破仑感到非常愤怒，意大利热那亚地区本身是属于拿破仑军队的据点，但因为英奥联军先进的装备，让马塞纳寡不敌众，成了被困笼中的野兽。这支部队是拿破仑苦心经营起来的，他不愿意看到部队这么轻易地就被英奥联军覆灭。对于英奥联军的挑衅，拿破仑虽然感到非常恼火，但他依然保持着冷静的头脑，他清楚地知道：必须要尽快想办法增援马塞纳，否则后果将不堪设想。

　　"我们必须翻越阿尔卑斯山，去支援马塞纳将军，形势已经不容有半点犹豫了。"拿破仑神态坚决地对属下们说，但属下却有人告诉他："现在的阿尔卑斯山已经被大雪封住了，严寒挡住了所有进山的道路，如果我们冒险登山，会被那里深深的白雪掩埋的。也许等不及支援马塞纳，我们就会首先葬身阿尔卑斯。"

　　拿破仑听了，眉头紧锁地思考了一会儿，坚定地对大家说："阿尔卑斯山中的大雪固然是可怕的，但马塞纳将军得不到支援的后果更可怕。如果这是命运交给我们的挑战，那就只有最坚强的战士才可以战胜阿尔卑斯山中的风雪，顺利翻越这道天堑，得到属于勇敢者的胜利。"

　　险峻的山崖和皑皑的白雪，让阿尔卑斯山显得比平常更加巍峨，站在山底看着那半人深的白雪，拿破仑的坚决感染了所有的将士，他果断地下达了命令："准备好必要的物资，马上全速前进。"随着他一声令下，部队出发了。

　　军队进山后，道路的艰险才开始逐渐显露出来，它远远超过了人们的预期。拿破仑和属下找来的向导几乎是边走边商量着下一步的行军方向，不断更改着行军路线，想要寻找更为安全便捷的道路。其实行军路线非常简单，可因为恶劣的天气让它变得没那么容易实现了。白雪几乎没过了士兵们的膝盖，深的地方甚至可以没过人的腰，而陡峭的地段使马匹无法前进，所以作为统帅的拿破仑只好和士兵们一起深一脚浅一脚地在雪地中行走。当饥饿袭来，大家就默默地啃点坚硬的食物，他们都希望可以尽快地完成这一段艰难的行军。在凛冽的寒风中，拿破仑坚定的决心感染了每一个士兵。

　　就在拿破仑所率领的军队艰苦卓绝地行走在阿尔卑斯山中时，英国和奥地利联军的将领们却围在热腾腾的火炉旁，喝着美酒嘲笑着拿破仑的异想天开。大家都认为在风雪之中翻越阿尔卑斯山是一件不可能的事，有人说："拿破仑这一次是被我们给打怕了，阿尔卑斯山平日就不好行军，何况是这种天气，他估计是想自取灭亡，省得我们的军队再去征伐了。"而有的人说："也许等到马塞纳被我们剿灭之后，还要派人去阿尔卑斯山上为拿破仑收尸呢！"他的话引来了众人的哄堂大笑，军官们各个志得意满，为自己打败了不可一世的拿破仑而感到无比骄傲。

可是这样的好心情并没有持续几天，在风雪之中前进的拿破仑军队很快就打破了英奥联军的幻想。当他们如同神兵天降一样出现在英奥联军阵营前时，这个小个子的法国人又一次让世人震惊了。法军穿越了危险的阿尔卑斯山，完成了这一项不可能完成的任务，将毫无准备的英奥联军一举歼灭。马塞纳将军的部队迅速得到了增援，通过里应外合让整个战役的局面迅速扭转。当消息传来，所有人都不敢相信这是真的，他们都说也只有拿破仑能够实现这样的惊天逆转，这样的胜利不得不称为"奇迹"！

◀ ◀ 坚强敲门声 ▶ ▶

生长在石缝之中的野草，明白在石缝中生存的艰难；扎根在悬崖上的松柏，了解在悬崖上立足的辛苦；而暴风雨中飞翔的海燕，也很清楚巨浪和狂风是多么的令人望而生畏。野草、松柏和海燕，并不是天生就具备超凡的能力，但它们却能用小小的身躯创造出令人意想不到的奇迹，正是因为它们都具备了挑战万物的勇气，才让那些看似无法逾越的困难成为印证成功的证据。

被大军围困，在艰难的环境之中求生，对于一支军队来说都是关系到生死的困境，随时都有可能全军覆没。只有理智且冷静的思考，对于不可能的任务进行无畏的挑战，才能让大军渡过难关。

拿破仑在此次战役之中所表现出的冷静与坚决，正是挑战"不可能"的关键所在。他不会向困难低头，也不会被"不可能"吓倒，是当之无愧的奇迹缔造者。

战胜厄运的小勇士

当他拍着篮球从医生面前经过时，所有人都不由得被这个坚强地与病魔作斗争的小男孩感动了，纷纷为他的康复而鼓起掌来。

美国作家奥格·曼狄诺曾经采访过一个九岁的男孩爱伦坡，并深深地被他的坚强和勇敢所打动，当他把小爱伦坡的故事写出来告诉大家时，人们也都纷纷赞誉这位虽然年幼却有着坚强意志的小勇士，爱伦坡在困难面前不低头，与厄运勇敢搏斗的精神和勇气也让很多人自愧不如。

爱伦坡是一个调支可爱的小男孩，每天放学之后，他都会像其他同学一样蹦蹦跳跳地回家。可是在有一天回家的路上，他被一块小石头绊倒了，摔了一跤，腿上被蹭破了一层皮。这样的事情对于一个九岁小男孩原本是很常见的，所以他只是爬起来拍了拍身上的尘土，不以为然地继续蹦跳着回家了。

对白天的伤口丝毫不在意的爱伦坡却在晚上感受到了它带来的痛苦，那个小小的伤口开始疼得厉害，似乎有一颗小火苗在那里跳跃一样，灼痛不时地袭击着爱伦坡。可是出于小男孩对于勇敢的向往，他不愿意将这点小伤告诉爸爸妈妈，所以依旧不予理会，只是对自己说："也许到了明天就好了。"这天晚上，爱伦坡没有出去和兄弟们玩，而是自己一个人默默待在卧室，不一会儿就昏昏地睡去了。

第二天一觉醒来，爱伦坡所期望的好转并没有出现，他看了看那个伤口，原来的疼痛似乎变得更加剧烈了，而且它的范围似乎也在扩大，整个膝盖都处于疼痛之中。爱伦坡不知道自己的腿到底怎么了，他又一次忍耐着疼痛，和兄弟们一起上学去了。

经过在学校之中一天的忙碌，爱伦坡的伤情也在逐渐加剧，在课堂上他不时地检查着伤口，因为疼痛越来越强烈。等到放学的时候，他依旧像平常一样走回了家，可是腿伤却让他不能像从前一样跳来跳去。这天晚上，妈妈发现爱伦坡有一些异样，她摸了摸孩子的额头，问道："你身体有什么不舒服吗，我的孩子？"爱伦坡笑着摇摇头，对妈妈说："我很好，您不要担心。"

对妈妈的隐瞒使爱伦坡的伤情没有得到及时的关注，他的腿开始红肿起来，一个小小的伤口导致整条腿都在疼痛。当他第二天早上起床时，疼痛已经让他不能忍受，他诧异地发现自己的脚肿得非常大，以至于连鞋都穿不进去了。当他光着脚出现在家人面前时，妈妈才发现了他腿上的问题。

看到爱伦坡已经红肿的腿，爸爸妈妈都感到非常担心，但更令人忧心的是：由于伤口在不断发炎，他的体温也在逐渐升高，这对于一个小孩子来说是非常危险的事。爸爸急忙出门去找医生，妈妈也开始为爱伦坡包扎伤口。当医生出现时，大家都好像看到了救星，纷纷询问爱伦坡的病情，而医生稍微检查了一下便告诉大家："不要担心，您的孩子只是发烧，并不要紧。"

全家人还没有来得及松口气，医生却忽然又发出了惊呼，他经过仔细的检查之后发现爱伦坡的腿伤已经很严重了。医生的表情变得严肃起来，他告诉爱伦坡的父母："很不幸，孩子的腿伤引起了他的发烧，现在已经耽误了治疗的时机，如果不将他的这条伤腿锯掉，那么高烧就很难退下去。发烧久了，就会危及到孩子的生命！"这个消息刹那间震惊了所有的人，原本不过是一次小小的摔伤而已，却要因此而锯掉一条腿，这对于一个九岁的小男孩来说未免太残忍了，他的人生也将会因此而改变。可是医生却告诉他们：这不是在开玩笑！

父母来到爱伦坡的床前，将医生的建议告诉他，并对他说："为了能保证生命安全，这是唯一的办法了。"可是爱伦坡却尖叫着说："不！我不能失去这条腿！"

医生不断催促着爱伦坡的父母作决定，否则孩子就会有生命危险。可是每次有人靠近，爱伦坡都会大嚷大叫，他拒绝任何人碰他的腿。父母左右为难，爱伦坡把自己的哥哥喊过来，请求他："哥哥，请你保护我，不要让他们锯掉我的腿。如果我因为发烧而神志不清的话，你一定要保护我！哥哥，请你保证。"哥哥看着可怜的弟弟，郑重地点了点头。而坚持了两天的爱伦坡也因为高烧开始变得神志不清，越来越高的体温让医生都感到害怕，他对爱伦坡的父母说："你们这是在害他，你们必须要替他作出决定！"可是爱伦坡一直抗拒着医生的靠近，他的哥哥也在帮他保护着那条伤腿，全家人已经没有了其他的办法，只好不住地祈祷。

奇迹终于出现了，在第三天清早，医生又来看望爱伦坡，他打算向爱伦坡的父母下最后通牒，告诉他们如果不作决定开始手术，那么这个孩子的生命也许就要终结了。可是当他看到爱伦坡的腿时，却发现它已经开始消肿了，体温也在逐渐降低。这个现象让医生感到非常吃惊，难道真的是上帝在保护这个孩子吗？他给爱伦坡服用了消炎和退烧的药，希望可以帮助这个坚强的孩子更快地战胜病魔。

当第四天的时候，小爱伦坡已经从昏迷之中清醒过来，他的腿开始消肿，高烧也已经退去。虽然身体疲惫不堪，但他的眼神却依旧坚定。在父母和哥哥的精心呵护下，他逐渐变得健康起来，脸色红润，腿伤也慢慢康复了。

几周过去了，爱伦坡终于可以下床运动了，当他拍着篮球从医生面前经过时，所有人都不由得被这个坚强地与病魔作斗争的小男孩感动了，纷纷为他的康复而鼓起掌来。

≪ ≪ 坚强敲门声 ≫ ≫

生活之中的磨难会以各种意想不到的形式出现，懦弱的人总是会被这些出其不意的困难击倒，而坚强的人却能够冷静地面对一切挑战。

当厄运降临时，人们无处可逃，只能选择接受它，或者将它击败。如果一个人向厄运低头，那他只能被剥夺更多，让厄运的魔掌不断掠夺属于他的幸福；可是当我们昂头与厄运作斗争时，无畏的勇气就会帮助我们保护自己。

究竟是要被厄运控制在股掌之间，还是要把厄运击败，这是由一个人的勇气和意志决定的，而一个强者永远都不会忍受厄运的摆布。

汗水战胜一切

他的内心之中一直铭记着"天道酬勤"的古训，相信只要坚持不懈，就一定可以用自己的真诚打动那些批发商。

　　在日本有一位家喻户晓的传奇人物，他年轻的时候只是一个许多人眼里低贱的搬运工，过着非常穷苦的日子，可是清贫的生活并没有将他压垮，反而让他在困窘之中不断努力，最终成为日本的货运大王，他的名字叫川佐。

　　川佐年轻的时候，因为生活贫苦而非常颓废，他虽然怀有远大的抱负，却不断慨叹自己资金的欠缺，抱怨没有机会成就自己的事业。在川佐情绪十分低落的时候，妻子对他说："我们眼前的困难固然很多，可是我们也拥有着很多战胜困难的条件，只要好好利用它们，我相信你一定可以获得成功。"川佐摇摇头说："困难太大了，可是我什么都没有，你怎么会认为我能战胜它呢。"

　　妻子看川佐如此不自信，便对他讲起一个故事：有一个年轻人想要通过自己的努力干出一番事业，可是商场之中的搏杀却需要雄厚的资本作支撑，所以他一直很苦恼。于是他就向一位非常成功的老者请教，不知道自己应该怎么获得第一次机会，挖掘到属于他的第一桶金。老人听了年轻人的抱怨之后，微笑着说："我愿意出 10 万元来收购你的一只手，你愿意吗？"年轻人大吃一惊，拒绝说："那怎么行，虽然我很缺钱，但我不能把手割下来卖给你。"

"那么我要是出 10 万元买你这只脚呢，可以吗？"老者又问。

"那也不行！"

"既然这样，我出 100 万，你把大脑卖给我吧！"

年轻人忙摇着头说："不行不行，那更不行了！"

老者笑着对年轻人说："你看，你总是在抱怨自己一无所有，不能展开自己的抱负，可是现在看来，你已经至少拥有了 100 万的资本，还有什么可抱怨的呢？"

听了这席话，年轻人恍然大悟：原来对于每一个人而言，他都拥有着一笔无价的潜在财富，那就是生命、健康和智慧，只要拥有这些就拥有了超过一百万的资产，所以谁也不是真正意义上的一无所有，大家都是富翁！

妻子讲完了这个故事，对若有所思的川佐说："你现在很健康，很聪明，也很有力气，这就是上天给予你的财富。只要拥有了这些，一切都可以创造出来，所以不要再为自己的一无所有而叹息，也不要为自己所从事的搬运工职业而感到羞愧了。只要你想改变，这些困难都可以战胜。"

妻子的鼓励让川佐鼓足了勇气，他平静地审视了自己所拥有的一切，虽然没有太多的财富，可是他有聪明的大脑和无穷的力气，眼前的困难虽然很多，但他相信：只要自己不懈地努力就一定可以战胜一切困难。于是他决定从自己从事多年的搬运工作开始创业，这不仅是他最熟悉的事，也是他的优势所在。

川佐说干就干，他在 1948 年成立了一家捷运货运公司，虽然竖起了招牌，可是一个新生的货运公司并不能很快得到顾客的信任，没有雇主前来光顾。但这些困难并没有吓倒川佐，他时刻谨记着妻子的鼓励，决定凭着自己的坚韧去寻找雇主。带着必胜的决心，川佐走出家门，一个一个地去拜访雇主，询问他们有没有货物需要运送。他的内心之中一直铭记着"天道酬勤"的古训，相信只要坚持不懈，就一定可以用自己的真诚打动那些批发商。

川佐的汗水并没有白流，在他的坚持之下，京都和大阪的批发商中开始流传出这样的说法：常常来拜访的川佐，是一个很勤奋能干的人，他的货运公司值得信任。这种口碑建立起来之后，越来越多的批发商开始把自己的货物交给川佐来运送，川佐也努力满足着每一个雇主的要求，不让批发商有任何的担心。有一些批发商因为严苛的条件很难找到适合的货运公司，川佐却承揽了他们的业务，虽然别的货运商都告诉他：运送这种批发商的货是吃力不讨好的。可川佐却总是一口应承下他们的任何苛刻条件，并努力让他们满意。

凭借着"一切为了雇主"、"永远都要让雇主满意"、"因为雇主的信任才有了川佐货运"的理念，川佐的名声开始在货运行业里越来越大，那些不熟识的批发商也都愿意主动找他，请他代为运送货物，因为川佐是工作最勤奋、最值得信任的货运商。

许多年来，川佐从来没有停止过工作，他的汗水滴洒在他所到过的每一寸土地上，"迅速、准确、安全"这六个字，成了川佐货运的概括。1978年，在公司成立三十周年之际，川佐的货运公司已经有了超群的实力，名列日本商业运输界榜首，成为行业翘楚。

白手起家的川佐，一生滴下了多少汗水，从来没有人知道。他战胜困难的武器正是这些不断滴落的汗水，他的努力让横亘在创业路上的困难一个个被击破。在川佐的墓碑上，有一句引人深思的墓志铭，道出了他这一生成功的真谛："一个一生额头上流着汗水拼命用自己力气工作的人，长眠于此。"

◀ ◀ 坚强敲门声 ▶ ▶

生活给予每个人的磨难不尽相同，但它给予大家的机会却是平等的，那些隐藏在磨难背后的机遇，需要真正充满勇气和热情的人去发现。

　　当一个人慨叹自己一无所有的时候，他不知道自己已经拥有了很多，他只是看到自己所缺少的，不断扩大着困难，却忽视了自己具备的优势，因此也只能不断丧失走上成功道路的机遇。与其在抱怨之中度日，不如打起精神发挥自己的优势，通过聪明才智来找到改变人生的机会。

　　在困难面前，每个人都具有着相似的战斗力，这战斗力的强弱来源于汗水。付出的汗水和努力越多，战斗力就越强，而困难也就越容易被击败。一个偷懒的人不会为了战胜困难去流下汗水，因此他也不会赢得胜利。

一夜解开千年难题

这道题最困难的并不是题目本身，而是它所附带的对解题人的压力。只有先战胜了这些压力，才能解开这道题。我只是幸运地没有感受到它的压力而已。

在 1976 年夏天的一个傍晚，德国哥廷根大学的校园里，一位 19 岁的青年匆匆地吃完晚饭，又急忙朝宿舍奔去。这位青年是一个很有数学天赋的学生，为了培养他的能力，让他的天赋得到更大程度的提升，导师总是单独布置作业给他。虽然这让青年的作业比其他同学都要多，让他几乎没有时间出去玩耍，可是这个 19 岁的年轻人并没有因此而懊恼，他非常享受解开难题的快乐。

回到宿舍之后，青年拿起书桌上老师布置的作业，因为额外布置的作业难度都比较高，所以他总是需要思考很久。仔细浏览了一遍，青年发现老师所留的前两道题并不是很难，他耐心思考了一会儿，在两个小时之内就完成了。可是第三道题却与往常不同：它被单独地写在一张小纸条上，要求只用圆规和一把没有刻度的直尺来做出一个十七边形。这个题目虽然显得不可思议，但青年并没有多想，他拿起纸笔就开始解题。

几个小时过去了，青年在难题面前依旧束手无策，这在以前是从来没有过的。他的额头开始冒出汗珠，因为这道题实在有些难。导师对于他的单独照顾让青年心怀感恩，他不愿意看到老师失望的眼神，所以总是用加倍的努力来回报。可是现在夜已经很深了，经过一天辛苦的学习，青年已感到非常疲惫，这道难题还要不要坚持解下去呢？

"难道我会被难题吓退吗？"青年望着窗外的夜空低声问自己，但是很快他就给出了回答："不，没有解不开的难题，我一定要破解这道题才能去睡觉。"

青年抖擞抖擞精神，重新坐在书桌前，拿起了圆规和直尺继续在纸上边写边画。越是难题越能激发起这个年轻人的斗志：我一定要打败它！一定要解开这道题！既然这道题如此与众不同，那就不能用常规的想法去解，只有另辟蹊径才能化解它所设置的重重关卡。想到这些，青年疲惫的眼睛里又开始泛出光彩，他似乎看到了前方的曙光。

在窗外的天空开始泛白的时候，青年终于长长地舒了一口气，他不断更换着自己的思路，最后终于找到了解题的方法！成功的兴奋让他忘记了一夜不眠的疲惫，洗了一把脸，稍事休息之后，他便拿着已完成的作业敲开了导师的门，当他递上昨晚的解题成果时，导师当场惊呆了。

"这是你做出来的？"导师用因为过于激动而有些颤抖的声音问他，青年点点头说："对，您把这三道题留给我之后，我用了一夜的时间去完成它们。虽然很难，但最后终于得到了答案，希望没有让您失望。"导师抓住青年的肩膀，大声说："天呐，你知不知道，你解开了一道有两千多年历史的数学悬案！阿基米德没有解出这道题，牛顿也没有解出来，可是你却用一个晚上就解出了它！你真是一个天才！"

被导师夸奖得莫名其妙的年轻人不知道自己所做的居然是这样一道题，他忍不住问："这不是您留给我的作业吗？怎么变成了两千年没有解开的难题了呢？"

导师说："这是我最近正在研究的难题，因为它已经难倒了两千年来很多的数学家，就算像阿基米德和牛顿这样知名的人，也不能得出它的答案。昨天向你布置作业题目的时候，我只是不小心把写着这道题的小纸条夹在你的作业里了，我并没有期望你会得出答案，谁知道你居然解出来了！"

大家为这个青年卓越的数学才华而倾倒，纷纷传阅着他一夜之间解答的千年难题。而多年之后，这个青年回忆起当时的一幕，总是谦虚地说："如果当时有人告诉我那是一道两千多年未解的难题，我也不可能在一个晚上解决它。而两千年来，那么多人都无法得出它的答案，也许正是因为这道题千年不解的名气使他们在未解题前就已经心生惧意。由此看来，这道题最困难的并不是题目本身，而是它所附带的对解题人的压力。只有先战胜了这些压力，才能解开这道题。我只是幸运地没有感受到它的压力而已。"

这个青年就是数学王子高斯。

◀◀ 坚强敲门声 ▶▶

在面临困难的时候，难免会让人心生恐惧，而这种对于困难的惧怕会束缚一个人的创造力，让他的潜力受到压抑。

当你面对着一条河流，很多人都在说这条河无法逾越时，那你也只好望洋兴叹了，再也不会去努力寻找渡河的方法，因为你被自己的恐惧吓倒了。其实，有很多生活在河边的小孩子常常会在河里游泳，他们甚至可以穿越河流去对岸玩耍。

困难有时候会超越它本身的面貌，变得无比强大，而让它变强的原因，正是人们内心深处的惧怕。在我们面对困难时，首先，要做到的是克服自己的恐惧心情。

不了解困难究竟有多大的人，往往在挑战时变得异常强大，而对困难考虑甚多的人，则总会被内心的恐惧抑制住自己的勇气，让原本可以办到的事变得不可企及。因此，在现实生活中，让我们鼓起勇气接受生活的挑战吧，不要让自己败给自己所营造的恐惧。

水晶大教堂

再大的困难也不会让我退缩，再远的路途我都会一步步去走完，我一定要建造一座水晶大教堂。

著名的宗教人士萝伯·舒乐博士一生都致力于扶弱助贫，虔诚的宗教信仰让他为很多人提供了帮助，成为人们眼中具有天使一样光辉的人。他总是尽力去满足别人的愿望，而在舒乐博士的心里，却有一个巨大的愿望一直未能实现。

1968 年的春天，舒乐博士向著名的设计师菲力普·强生说出了隐藏在心中多年的愿望："我要在加州建造一座大教堂，它不是普通的教堂，而是全部由水晶构造的，到处都要晶莹剔透，就像是一座人间的伊甸园，我想让每一个人都能感受到天堂一样的美，感受到宗教的神圣和伟大。"

听了他的想法，设计师拿出笔，很快就画出了一副教堂的草图，他对舒乐博士说："设计一座水晶教堂并不难，可难的是全部由水晶来建造，那会需要很大的财力。我想冒昧地问一句：您打算使用多少钱来建造它？"

舒乐博士捧着那张草图看了又看，其实对设计师的提问他早有准备，他坦率地说："事实上，我一分钱都没有。这些年来的积蓄，我都用来帮助别人了。"

设计师诧异地问："那您打算用什么来完成这么大的一个工程呢？这样的一座教堂可能需要花费数百万美元呢！"

　　舒乐博士明确地回答说："因为我没有钱，所以这座教堂需要花 100 万还是 1000 万美元，对我来说都是一样的——都需要我全力以赴去筹集！因此对我来说，最重要的是这座水晶教堂本身要具有足够的魅力，来吸引别人捐款。"

　　设计师对舒乐博士的勇气感到非常佩服，他经过仔细的计算之后说："这样的一座教堂，需要 700 万美元，看来您真的是任重道远了！"

　　舒乐博士笑着说："没关系，再大的困难也不会让我退缩，再远的路途我都会一步步去走完，我一定要建造一座水晶大教堂。"

　　700 万美元对于身无分文的舒乐博士而言确实是一笔巨款，但他却依然轻松地走出门去，这个超出他能力范围的数字似乎一点都没有影响到舒乐博士的决心。当天夜里，舒乐博士拿出一张白纸，郑重地在上面写下了"700 万美元"几个大字，皱着眉头思索了一会儿，他又接着写下了几行字。

　　"为了建造水晶大教堂，我需要寻找一笔 700 万美元的捐款，但我也可以寻找七笔 100 万美元的捐款。同样的道理，我也可以寻找 14 个人分别捐款 50 万美元，也可以寻找 28 个人分别捐款 25 万美元……依照这样的推算，我可以寻找 280 个人，每人捐款两万五千美元，也可以寻找 700 个人，让他们分别捐款一万美元。或许，我还可以在教堂里修建一万扇窗户，每一扇窗户只需要认捐者提供 700 美元，就可以筹集 700 万美元！"

　　一个看似巨大的款项数额经过舒乐博士一番分解之后，似乎变得容易了很多。就好像把一颗巨石分解成一块块小石头，搬运起来似乎也容易了一些，但需要的却是长久的积累。舒乐博士并没有被困难吓倒，他开始苦口婆心地到处募捐，用他坚定的宗教信仰作为支持，他相信通过自己的坚持不懈一定可以筹集到这些款项。他的苦心没有白费，经过了两个月的游说之后，富商约翰·可杯被舒乐博士所介绍的水晶大教堂美妙而奇特的造型所打动，非常希望看到这座教堂建成之后会是什么样子，因此他决定捐献 100 万美元。

这第一笔捐款极大地鼓励了舒乐博士，让他更加努力地去到处作演讲，而一对农民夫妇在听了他的演讲之后，决定捐出 1000 美元。演讲持续到第三个月的时候，又有一位陌生人被舒乐博士感动，捐出了一张 100 万美元的支票。

八个月过去了，舒乐博士要打造水晶教堂的计划似乎在逐渐变为现实，有一位捐款者被他的精神所感动，对舒乐博士说："如果您的努力可以筹集到 600 万美元，那么剩下的 100 万美元就由我来支付。"

辛苦而充实的一年过去了，舒乐博士还在为筹集捐款而四处奔走，他将教堂的水晶窗户以每扇 500 美元的价格请求信徒们认购，而付款的方式是每个月 50 美元，可以分十个月付清，大大减轻了认购者的压力。所以不到六个月的时间，教堂全部的一万扇窗户就被认购完毕了，这远远超出了舒乐博士的预期！

他的努力终于得到了回报，水晶大教堂开始建造了，这座宏伟的建筑真可称得上是人间的伊甸园。但它的实际花费却远远超出了预期的 700 万美元，而是足足有 2000 万美元，可这并没有阻拦住舒乐博士的决心，他用滴水穿石的精神将所需的款项全部筹集到位。

1908 年 9 月，历时十二年之后，一座可容纳万人共同祈祷的水晶教堂竣工了，它成为人类建筑史上的一个奇迹，也成了世界各地的人们前往加州时必去瞻仰的胜景——不只为了参观这座奇特的建筑，更为向舒乐博士锲而不舍的精神致敬。

❰ ❰ 坚强敲门声 ❱ ❱

人生就好比一座伟大的宝藏，每个人都可以从中开发出适合自己的奇珍异宝，它就是生活赠与人们的幸福。要获得这种幸福，必须要具备坚韧的品质。

　　舒乐博士为了建造这座教堂而付出的努力，让每一个人都备受感动，虽然并非人人都要去建造一座水晶大教堂，但是每个人却都想要获得属于自己的成功，并为了实现梦想而不断努力。

　　舒乐博士曾经说："梦想是生命的灵魂，是心灵的灯塔，是引导人走向成功的信仰。"想要获得最终的成功，就不能被困难吓倒，要矢志不渝地追求，让自己的奋斗成为壮举，生命就会创造奇迹！

第三章　自信者生存

引言：

　　自信是一个人对自己的期许，也是他对自身能力的展示，因为相信自己，所以他会让自己展现出最好的一面来迎接挑战。自信是战斗中最有力的武器，它会上一个人的智慧在无限度的空间发挥，它会让一个人的力量在瞬间倍增，自信的人就是有这样的魔力。每一个人的内心都隐藏着自信之剑，只要找到它，并在前进的道路上挥舞它披荆斩棘，就一定可以找到令你惊喜的人生宝藏。

爵士歌王的诞生

与其说那一次的被迫让他认识到了自己的天分，不如说为他开启了内心深处的自信，因为正是自信才帮助他开拓出人生的全新局面。

在一个灯光昏暗的小酒吧里，一群客人正在聆听着年轻的钢琴手弹奏音乐，这个小伙子琴艺非常突出，可是他的才华却没能得到太多人的赏识。虽然小伙子的愿望是可以进到音乐厅里为大家演奏，但现实却让他很无奈地待在这个小酒吧里。这种落差并没有让他感到不舒服，就算是小酒吧，他的表现也非常用心，显得无可挑剔。

每天晚上，在这个酒吧里都有客人慕名而来，倾听小伙子的演奏，他们总会给予这位怀才不遇的年轻人最大的掌声鼓励。

某一天的夜晚，当年轻人又一次开始弹奏他熟悉的曲子时，一位经常来听他弹琴的中年顾客站起来，对他说："年轻人，我每天都来听你弹奏这些曲子，所以这些曲目我都已经听腻了。"听了他的话，小伙子愣了一下，不知道该说些什么，而别的客人也都笑着附和说："是的，虽然你弹得很好，但我们听了太多遍了。"

小伙子见大家都厌倦了他的曲目，不由得惭愧地低下了头，小声地请求说："不然我换一首曲子来给大家演奏吧。"

可这个请求却被拒绝了。那个带头的中年顾客似乎是故意刁难他似的，说："不如你唱首歌给我们听听吧。"他的提议立刻获得了其他人的赞同，大家纷纷要求小伙子唱一首歌来活跃一下酒吧的气氛。

然而，小伙子面对大家的请求却变得更加腼腆起来，他觉得自己的声音不好听，所以不敢贸然在这么多人面前唱歌。他红着脸抱歉地说："非常对不起，我从小就开始学习弹奏钢琴，从来没有学过唱歌。这么多年，我都是坐在这里弹琴，连说话都很少，恐怕唱起歌来会很难听。"

这一番说辞并没有打消顾客们的兴致，他们依旧笑呵呵地要求小伙子唱歌，而中年顾客也鼓励他说："年轻人，正是因为你从来都没有唱过歌，所以我们才要听听你的歌喉。说不定你是一个连自己也不知道的歌唱天才呢！"

小伙子左右为难，羞得连脖子都红了，酒吧的经理忙走出来调解，可众人的情绪却得不到安抚。他只好对小伙子说："你就试一试，唱一首吧！不要扫了大家的兴。"可小伙子还是固执地认为大家只是想看他出丑，坚持说："我只会弹琴，不会唱歌。"

在观众的热情与小伙子的固执夹攻之下，酒吧经理气急败坏地对他说："今天，你要么唱歌，要么就自谋生路吧。"

遇到如此要挟，小伙子感到非常为难，拮据的生活让他无法放弃这份工作，所以他只好红着脸，开腔唱起了一首当时正流行的爵士歌曲《蒙娜丽莎》。

当小伙子开口唱歌时，闹哄哄的酒吧忽然安静了下来，他自然流畅而又充满了男人味的唱腔瞬间就让大家感到无比沉醉。虽然因为紧张，小伙子的脸上还是一副别扭的神色，可却丝毫不影响他的歌声，这种低沉而富有韵味的歌喉，是大家此前从未听到过的。

一曲唱罢，大家愣了足足好几秒，才开始鼓起掌来。被瞬间的安静吓坏了的小伙子，以为自己的歌声糟糕到让大家忘记说话了，谁知道观众们却纷纷向他竖起大拇指。那个中年顾客大声说："年轻人，你真的是一个歌唱的天才，你自己却不知道！"

小伙子感到非常诧异，自己在这里弹奏钢琴这么久，虽然大家也会夸奖，但从来没有人说他是天才。而今天一首歌曲居然让大家认为他是天才，这真是太神奇了。获得鼓励的小伙子于是又唱了一首，这一次，他的歌声更加挥洒自如，爵士乐的委婉缠绵通过他的歌喉全都表现了出来，众人报以更加热烈的掌声。纷纷说："你真的应该去唱歌！"

在大家的鼓励之下，以演奏钢琴为生的小伙子决定放弃弹奏乐器的艺人生涯，他要用自己的歌喉向流行乐坛进军。因为他坚持不懈的努力和无可挑剔的天分，再加上对自己歌喉的自信，使他成为美国著名的爵士歌王，他就是著名的歌手纳京高。

如果没有那一次的被迫开口一唱，纳京高永远都不会对自己的歌喉有信心，他也就只能作为一个酒吧的三流钢琴演奏者而终此一生。与其说那一次的被迫让他认识到了自己的天分，不如说为他开启了内心深处的自信，因为正是自信才帮助他开拓出人生的全新局面。

❮❮ 自信敲门声 ❯❯

每一个人都拥有自己独有的才华，如果将这些才华进行合理的利用，就能创造出独一无二的事业，就会为我们带来绚烂的人生。

一个有自信的人，善于表现自己的才华，也明白自己可以因此而拥有更多，所以他总是努力地去争取。而一个没有自信的人，无时无刻都在隐藏自己，不希望自己被注意到，总是想要逃遁到别人都不知道的地方，那么他又如何能获得机遇呢？

如果才华是攻陷人生难题的矛，那么自信则是这支矛的最尖端，它让进攻显得更加锐利，让我们可以更大限度地展示自我。我们要勇敢开启自己内心的自信，不要让它再躲在寂寞的角落里蒙尘，因为它会给你无限的力量，支持着你奔赴美好前程。

黎明前的黑暗

我就像相信我儿子一样相信这本书，它一定可以带给世人震撼，让他们了解约翰是一个多么有才华的作家。我有这个自信：

1981 年，在美国普利策艺术奖的评选会上，委员们经过几番激烈的讨论，最后一致选出了约翰·肯尼迪·图尔的《傻子们的同盟》作为本次普利策小说奖的获奖作品。可是令人感到遗憾的是：约翰·肯尼迪·图尔并没能亲眼看到自己的作品获奖，甚至在他离开人世之前都不敢想象自己的小说会获得如此高的肯定。

《傻子们的同盟》这部传世之作写于 1969 年，可是读者们却直到 1981 年才开始了解它。之所以这么晚才获得瞩目，是因为它在 1980 年才得以印刷出版。约翰·肯尼迪·图尔在创作完成之后，满怀信心地将这部小说递送到出版商手中，希望获得出版机会。可是在长达十余年的等待过程中，这部小说被很多出版商拒绝，始终无法与读者见面。

作为小说的创作者，约翰·肯尼迪·图尔从开始的胸有成竹，逐渐变得颓废至极，当他看到自己的作品被无数次拒绝后，已经无法承受这份打击，终于在他 32 岁时饮弹自尽。如此美好的年龄，正是创作的高峰期，而他又拥有无可比拟的才华，可是约翰却因为对自己失去信心，而悲伤地离开这个世界。临死前，他居然说出了这样悲观的话："我之所以选择这条路，是因为我对自己的作品不再抱有任何的希望，也对这个社会失望透顶。既然我这么无用，那么对我来说最好的选择就是去死，以脱离这个无情的现实。"

失去自信的约翰·肯尼迪·图尔给世人留下了一个悲怆的背影，也让他年老的母亲遭遇了最大的创伤。这个已经79岁的老人眼看着自己才华横溢的儿子离世，原本的骄傲瞬间变成了无限的哀伤。但是当她捧起儿子的作品时，心里又一次燃起了力量。她带着失去儿子的巨大悲伤叩开了一家又一家出版商的大门。虽然和儿子一样遭遇到出版商一次又一次无情的拒绝，但她始终相信儿子的作品是伟大的，她坚信自己的孩子是一个写作天才，"我就像相信我儿子一样相信这本书，它一定可以带给世人震撼，让他们了解约翰是一个多么有才华的作家。我有这个自信！"老人一遍又一遍地对出版商讲着同样的话，虽然儿子以一个失败者的姿态告别了世界，告别了她的母亲，但老人从未放弃过出版《傻子们的同盟》的信念。

一个高龄老妇人笨拙的语言，不足以打动任何一家出版商，可是她坚持到底的决心和对作品无限的信心，却让出版商们停下匆匆的脚步，翻阅了这部作品。老人说："如果《傻子们的同盟》不能出版，那不是我和我儿子的损失，而是出版商的损失，也是读者的损失。这是一部总有一天会引起人们关注的伟大著作。"

在约翰·肯尼迪·图尔去世十年之后，经历了多家出版社的断然拒绝，这部作品被约翰的母亲送到了著名小说家沃西·珀西的面前，他立刻就被小说所吸引，并将它推荐给了路易斯安那出版社。出版社的总编问约翰的母亲："这部书这么久都没能被出版，我不敢肯定它是否真的值得人们去阅读。"

而约翰的母亲却坚定地说："它就像被埋没在沙子里的珍珠，只有让它展示出来，才能让人们看到它的光辉。"

主编奇怪地说："您对这部书这么有信心，只是因为它是您儿子的作品吗？"

老人凝重地回答："我对书的信心，不仅因为我相信自己的儿子有非凡的文学才华，更来自于这部书本身所具有的价值。"

　　路易斯安那出版社的主编亲自审阅了这部作品，他被小说的语言和构思所倾倒，当即拍板，决定出版这部著作。

　　黎明总是在最黑暗的夜之后来临，当曙光出现的时候，《傻子们的同盟》的作者约翰·肯尼迪·图尔却不能看到这幅盛景。1980年，这部书一经出版就引起了轰动，一切都被那位执著的母亲言中了，大家都惊叹于书中滑稽的语言和精巧的故事，被作者的才华深深打动了。次年，这部书便获得美国文学家的大奖普利策小说奖。

　　殊荣来得如此之快，却也让人备感惋惜，要是小说的作者可以忍受黎明前的黑暗，对自己的作品多一份自信，那他就可以亲自享受这一刻的荣耀了。

◀ ◀ 自信敲门声 ▶ ▶

　　在黎明破晓之前，世界没有任何的光亮，处于最黑暗的阶段。当这段时间一过，太阳就会从东方送来曙光，带来温暖而明亮的世界。能够忍受黎明前黑暗的人，不仅要有坚强的意志，更要对自己有绝对的信心，相信自己可以度过这最难熬的一段时光。

　　一个作家的得意之作，是他全部心血的凝结，在它被不断否定的时候，作家内心的煎熬不难想象。可是由于被出版商否定而失去了对自己的信心，这才酿成了约翰·肯尼迪·图尔最终的悲剧，他终于无缘见到自己的作品大放异彩。当这部书就像他当初相信的那样引起瞩目时，作者却因为自信心的丧失而永远地离开了它，再也无法享受这份殊荣。

　　约翰的母亲身上所具备的坚强品质让人感动，她的坚持不仅来自对儿子的爱，更来自对这部作品本身的信心。也由于对儿子的才华充满自信，所以她更坚持地认为这部书将会成为传世之作。一再遭遇拒绝就像黎明前最难熬的黑暗，这位白发苍苍的老人度过这段黑暗之后，终于拥有了灿烂的阳光。

将军的头盔

作为一个将军，因为惧怕敌人瞄准，而让士兵们看不到我，这会让他们觉得我惧怕死亡，对战争也会失去信心，只有我满怀自信，他们才会变得无畏。

　　巴顿将军是第二次世界大战中著名的美国将领，他不仅作战英勇，而且幽默诙谐，具备超凡的人格魅力，因此深受部下的爱戴。而让巴顿将军名扬海内外的，除了他出色的战术，还有他乐观自信的性格，无论是最困难还是最危险的时候，他都会浑身洋溢着自信的光彩，给一同作战的部队带来无限的信心，从而无往不利。

　　在第二次世界大战开始之后，美国作为较晚参与的国家，所派遣的队伍也多由新入伍的年轻士兵组成。这些士兵缺乏战斗经验，而当时德国又在北非不断取得胜利，导致军队之中到处宣扬着德军如何厉害的谣言，让军心很不稳定。看着低落的美军士气，将领们都非常担心，很怀疑这支队伍的战斗力。巴顿将军通过观察，也发现在队伍之中存在着普遍的畏敌怯战心理，有个别的将领甚至风声鹤唳，到了草木皆兵的程度。为了整顿军心，他决定举办一次阅兵典礼，让大家重拾战斗的信心。

　　在阅兵式开始之后，巴顿将军大踏步地走上了检阅台。并没有多少胜利信心的士兵们仰头看过去，发现将军的头盔似乎有点奇怪，仔细一看——居然是一顶德国将军的头盔。这个奇怪的举动立刻引起了大家的疑惑。

　　看着大家不解的眼神，巴顿将军笑着说："你们都看到我的头盔了吗？也一定发现了这不是美国将军的头盔，他来自于一个德国将军。可你们知道，我是从哪儿得到它的吗？"四处环顾了一遍，将军大声地说："它来自于一个被俘虏的德国将军，这是我们的部队刚刚从德军那里缴获的战利品！这足以说明，德国军队根本是不堪一击的！他们并不是不可战胜，只要遇到了我们美国大军，他们一定会溃散逃跑！到时候，我相信人人都可以获得这样的战利品！"

这一番话让沉寂的军营顿时沸腾起来，阅兵场上一片欢呼，士兵们信心大增。而巴顿将军又幽默地说："我要戴着这顶头盔，一直打到德国柏林去！"

军队的欢呼声像大海的波涛一样，一浪高过一浪，畏敌怯战的情绪顿时一扫而光，取而代之的是士兵们必胜的信念，他们相信自己一定可以战胜德国军队，就像将军所讲的那样。

在漫长的"二战"期间，巴顿将军所戴的当然并不是那顶德军头盔，那只是他用来鼓舞士气的方式而已。很显然，他的这一方式取得了非常好的效果。而此后的日子里，巴顿将军一直都是戴着自己的头盔。他的头盔很特殊，因为将军别出心裁地把象征着自己军衔的两颗将星标在头盔上，让它变得独一无二，且具有很高的辨识度。

但是在危险的战争环境里，这种标新立异的做法会引起无妄之灾，这一点成为巴顿将军下属们最担心的事，他们纷纷劝诫巴顿："将军阁下，您的这一做法会让德军很快就认出您。您不怕自己会变成德军的目标吗？也许他们的狙击手会将您的头盔打穿！"

对于这种危险，身经百战的巴顿自然非常明了，可他还是充满信心地说："我的头盔是打不穿的。"

有一位上校摇摇头，说："任何人的头盔都会被打穿，您是军队的首领，也是美军的心脏，所以更要注意自己的安危，如果您有什么不幸发生，军队就会失去战斗力。"

巴顿将军坦然地说：'我很明白德军一直想要杀死我，但是作为一个将军，是敌人看到我的机会多，还是我的士兵们看到我的机会多呢？作为一个将军，因为惧怕敌人瞄准，而让士兵们看不到我，这会让他们觉得我惧怕死亡，对战争也会失去信心，只有我满怀自信，他们才会变得无畏。"

那位上校依旧不解，巴顿将军便带他来到部队巡视。每当他们到达一处军营，就会引起一片欢呼声，因为士兵们认出了带着独特头盔的巴顿。看到将军前来巡视，大大鼓舞了他们的斗志。这时，巴顿又对上校说："你在这支部队的时间比我长，可是为什么我一出现，士兵们就会认出我，而认不出你呢？"

如此身临其境地感受到了巴顿与士兵之间融洽的关系，也看到了因为将军的无畏而对士兵产生的鼓舞，上校不由得心服口服。只不过是一个头盔，而巴顿却让它具备了特殊的力量，展示出自己大无畏的乐观主义形象，这种对胜利充满信心的精神也深刻地传达到士兵的内心，取得心悦诚服的效果。自信的巴顿将军成为战场上的精神领袖，所凭借的正是这种力量。

◀◀ 自信敲门声 ▶▶

自信的魔力会在任何时候显示，当人们挥舞起自信的剑，就可以开辟出令人惊叹的新天地，因为自信可以让原本的能力倍增，可以挖掘出连自己都没有发现的能量，从而赢得更好的成绩。

在战场上遭遇到强大的敌人，对于怯懦者而言是一个灾难，而对于勇敢者而言却是一次建功立业的大好时机。因为勇敢的人必然自信，他相信自己可以成为胜利的一方。一个伟大的将军具备自信的特质，会让整个队伍都拥有雄壮的信心，从而增强军队的战斗力，巴顿将军正是这样的一个将领。

先进的武器并不是决定战争胜利的根本原因，只有自信的军心才能让他们勇往直前。巴顿将军正是因为认识到了这一点，才利用头盔加强了军心的自信程度，让他们从低谷之中爬升，在战斗之中燃起勇气。当他相信自己可以获得胜利时，他就真的赢得了战争最终的胜利。

只有两种选择

逃避也许会让你安然地度过服兵役时期，而用充满信心的态度去挑战，才能让你的这段时间过得有意义，让你的整个人生过得充实。

有一个叫做彼得的美国青年，在冬季大征兵中被依法征用入伍，即将到最艰苦也是最危险的海军陆战队去服役，这可是很多人都害怕去的地方。得知这个消息之后，彼得每天都闷闷不乐，显得忧心忡忡，他担心自己不能够适应部队艰苦的生活。

远在剑桥大学任教的祖父听说了孙子的近况之后，决定去开导他。他见到彼得，开心地告诉他："孩子，我为你骄傲，这没什么可担心的。不管在任何情况之下，你都拥有两个不同的选择，一个是充满了自信的选择，而另一个是理想的选择，只要你做好自己的选择，就一定会很好地度过这段从军的时光，而且可以获得美好的人生。"

彼得不解地问："我现在是去海军陆战队，那里非常艰苦，我还有什么其他的选择呢？"

祖父笑着说："你有两个选择，一个是留在内勤部门，一个是被分配到外勤部门。如果你很理想地被分到了内勤部门，就会过得相对安逸，那就没有什么可担心的了。"

彼得皱着眉头问："那我要是被分到外勤部门呢？"

祖父说："这是一个充满了挑战的选择，也是一个自信的选择。如果你真被分到外勤部门，那也有两个不同的选择：一个是留在本土，成为本地的驻军；另一个是被分配到国外的军事基地。如果你理想地被分配到本地做驻军，那又有什么可担心的呢？"

彼得问："那如果我被分配到国外的军事基地呢？"

祖父说："这同样是一个充满了挑战的选择，它也需要你更多的自信。如果你被分到国外的军事基地，你依然有两个选择：一个是被分配到和平而友善的国家，另一个是被分配到维和地区。如果你被分到和平友善的国家，那也是一件值得庆幸的事啊！"

彼得摇摇头，说："那我要是不幸被分配到维和地区呢？您知道那里经常发生战争。"

祖父说："作为维和部队去执行任务，同样需要你有很大的信心迎接挑战。就算去了维和地区参与了战争，你也有两个选择：一是安全回来，二是不幸负伤。如果你安全地回来了，现在这么担心岂不是多余？"

彼得眉头紧皱地问："如果我负伤了呢？"

祖父凝神想了想，说："负伤之后，也有两个选择：一是保证生命安全，二是救治无效，以身殉国。如果你可以保住性命，那就不用担心什么了。"

彼得继续追问："那如果救治无效，我要怎么办？"

祖父笑着说："孩子，作为一个为国捐躯的人，他也有两个选择：或者是因为懦弱地躲避子弹而不幸遇难，或者是因为勇敢地冲锋陷阵而成为英雄。如果你作为英雄而殉国，那会成为所有人学习的榜样，你的名字会永垂不朽，为什么还要担心呢？"

听了这一番话，彼得不由得陷入深思，祖父抚着他的肩膀，说："在所有的事情中，我们都可以有两个选择，一个是为了逃避，而另一个是为了挑战。逃避不需要勇气，更不需要信心；而挑战则需要我们充满自信。逃避也许会让你安然地度过服兵役时期，而用充满信心的态度去挑战，才能让你的这段时间过得有意义，让你的整个人生过得充实。"

在进入部队之后，彼得时常想起祖父的谆谆教诲，当那些曾经让他担忧的选择出现在他面前时，彼得总是勇敢地选择挑战。在分配基地时，他主动请缨去维和地区；在划分职务时，他又要求自己前往外勤部队，承担危险的任务。在数次战斗中，彼得都冲在最前线，成为新兵之中受到褒奖最多的人。

长官对这个新兵非常满意，请他向战友们介绍自己的经验，彼得说："我的祖父告诉我：虽然我们的人生之中总会有两个选择，但只有勇敢地选择挑战，才能让我们不虚此生。当一个人选择逃避时，他不需要任何东西；而当一个人选择挑战时，他需要满怀信心。选择逃避的人终将被遗忘，选择挑战的人才能成为英雄，因为只有强者才会选择挑战。"这番话也成为新兵们共同的座右铭。

在彼得带着挂满胸口的勋章退伍时，他的祖父来迎接他回家，老人不禁问他："孩子，你为什么总是选择最危险的路去走呢？"彼得微笑着说："因为我有信心战胜它。"

‹‹ ◀ 自信敲门声 ▶ ››

一个自信的人敢于接受挑战，也有战胜挑战的决心和勇气，他必然会获得胜利，得到生活的奖赏。有什么样的心态，就会有什么样的选择，只有充满信心的人，才能得到真正的好机会，从而大展宏图，实现人生理想。

在彼得曾经惧怕服兵役的时候，他认为去维和地区、担任外勤、参与战斗，都是坏机会，而只有安逸地躲在国内基地、做着轻松的内勤工作，才是好机会。其实，此时的他所缺乏的只是勇气和自信而已，当他具备了自信，他才发现作为一个军人，投入到战斗之中建功立业才是真正的好机会，那些为了躲避危险而唯唯诺诺地存活的机会，却成了坏机会。

一个积极乐观的人，他会看到很多好机会，而一个消极的人，永远只能忧心忡忡。不管多么糟糕的情况，都是好机会中藏匿着坏机会，而坏机会中又隐含着好机会，只要用饱含自信的眼睛去观察，就一定可以作出正确的选择。

最矮的 NBA 球星

当人们因为我的身高而认为我不可能进 NBA 打球的时候，我对自己说：不能认输，就算我不能提升自己的身高，我也能提升自己的技术，我有这个信心。大家都觉得身高是不能被打败的先天条件，可是我打败了它！

和所有热爱篮球运动的美国男孩一样，有一个小男孩也非常喜欢篮球，他一直梦想着可以进入 NBA 参加世界顶级的篮球比赛。可是这个孩子却没有像别的孩子一样得到赞美和鼓励，他的这个梦想似乎有些不切实际。他的邻居们听到孩子讲述自己的想法，总是付之一笑，就连他的父母都说："孩子，你其实可以做点别的事。"

让一个小孩有远大的梦想，本来是一件好事，可为什么大家都要这么打击他呢？其实这些人都是善意的，他们不希望看到这个孩子因为梦想破灭而难过，疼爱他的父母更不愿意看到自己的孩子有一个永远不能实现的梦想。因为这个孩子从小就比同龄人矮很多，在一起长大的小孩里，他总是个头儿最小的那个。而职业篮球比赛中的运动员个个都有傲人的身高，从一定程度上讲：身高是决定一个篮球运动员成绩的重要条件。

如果只是业余玩一元篮球，也算是说得过去；但如果要进入 NBA，就连小朋友都觉得他在痴人说梦。

这个孩子很清楚自己的身高问题，但是他并没有因大家的劝阻而放弃这个梦想，就算是做白日梦，他也要去尝试一下。他对母亲说："我还是喜欢篮球，就算现在我很矮，可是我会长大，我会长高的，对不对？"

他的母亲慈爱地抚摸着他的头，笑着说："孩子，不向困难低头的人是最强的，只要你有这种精神，不管你做什么都会成功的。"

当这个孩子逐渐长大，他的身高依然没有表现出任何的优势，他确实长高了，但和同龄人比，他还是属于矮的那一种。可是他似乎并没有因此而颓丧，反而一直都在坚持着练习投篮、运球、传球的技巧。身形小巧的他在球场上面对那些大块头的对手时，有可能被对方一下子撞飞，于是他不断提升着自己的体能，希望可以抗衡。人们路过球场，总是看到他在和不同的人进行比赛。经过长期的磨炼之后，男孩的球技确实提高了很多，也能在诸多的比赛中得分，可是人们对他要参加 NBA 比赛的梦想还是嗤之以鼻。

"为什么我不能进 NBA 去打比赛？我可以打败你们所有的人。"男孩问伙伴们。

而伙伴们却开玩笑一样地告诉他："因为你只有一米六，在 NBA 比赛的赛场上，你会变成小矮人的。"

"那又怎么样？没有人规定一米六不可以进入篮球场！我一定会进NBA，我有这个信心！"男孩倔强地说。

能够进 NBA 比赛似乎成了男孩不可更改的目标，他一直朝着这个方向前进着，即便遭受了那么多嘲笑，即便他的身高只有一米六，也不能阻止他向前迈进的脚步。为了实现这个理想，他付出了更多的时间来练习篮球技巧，对每一次练习都投入百分之百的精力，每当看到汗水滴落在球场，他的心中就呐喊着：就算我很矮，我也能打败他们，我也能成为 NBA 赛场上的球星！

他的坚持和努力终于获得了回报，男孩首先在镇上声名鹊起，作为这个小镇最厉害的篮球运动员，他代表全镇参加了很多比赛，并且不断获得好成绩。此后，他的卓越才能被发现，进入了全州最出色的篮球队，成为一名全能篮球运动员，而且还获得了最佳控球后卫的称号。当这个小个子的男孩在球场上来回穿梭时，大家都感到非常诧异。

但更令大家吃惊的事情还在后边，他进入到 NBA 赛场了！男孩凭借出色的表现成为 NBA 夏洛特黄蜂队的一名篮球运动员，虽然他的身高创造了有史以来 NBA 赛场上最矮的记录，可他也同时成为 NBA 最杰出、失误最少的后卫之一。这个小矮个儿不仅控球的技术一流，而且远投更是出奇的准确。虽然他只有一米六，却可以凭借着不可思议的跳跃能力拦截两米多高的球员的传球。因为灵活的身手和神奇迅速的行动，他获得了大家无数的掌声和赞誉，媒体评论他"就像是一颗旋转中的子弹一样"。

当他手捧冠军奖杯的时候，人们再也不会因为他个子最矮对他加以嘲笑，更不会认为他曾经渴望成为 NBA 的一员是痴人说梦，因为他已经突破了自己，获得了成功。就算是不熟悉 NBA 比赛的人，也都知道他的名字——博格斯，他成为 NBA 历史上个子最矮的篮球明星。他曾经对记者说："当人们因为我的身高而认为我不可能进 NBA 打球的时候，我对自己说：不能认输，就算我不能提升自己的身高，我也能提升自己的技术，我有这个信心。大家都觉得身高是不能被打败的先天条件，可是我打败了它！"

这就是博格斯，他是胜利者，因为他一直对自己充满信心。

◁ ◀ 自信敲门声 ▶ ▷

人们总是喜欢用"不可能"来为自己找借口，相信找这种借口的人只有懒惰者和懦弱者，这是对自身潜能的限制，是在困难面前低下了自己高贵的头颅。

在人生的道路上，会遇到很多的障碍，有一些可以通过我们的努力而改变，而有一些则无法改变，身高就是其中之一，它形成之后，就会跟随你一辈子。这样的事实让很多人感到颓丧，因为这是一个不可逆转的障碍。而对于强者来说，他们在遭遇同样的障碍时却看到了其他的希望。"就算我不能提升自己的身高，我也能提升自己的技术，我有这个信心。"博格斯的内心深处对自己有强大的支撑力量，这种力量不是建立在身高上，而是建立在他的自信上。

因为他相信自己可以跨越这个障碍，成就自己的梦想，所以就不会被身高的问题而吓倒。结果证明，他成功了，他战胜了自己的身高和人们对矮个子人的偏见。

只要拥有自信，就可以挖掘更多的潜能，让"不可能"变成"可能"，让奇迹发生在你的身上。

不完美的世界

即使我们的人生并不完美，也不要向它低头，也永远不要对自己说"不"，只要你不断抗争，就能战胜它。

在澳大利亚的一个平民家庭之中，一个男婴降生了。这个叫做约翰·库缇斯的孩子来到世界的那一刻，并没有给他的家人带来多少快乐，相反，他让父母和家人都感到非常难过。因为这个孩子瘦小到好似一个矿泉水瓶，而且脊椎以下都没有发育，他的双腿像一只小青蛙的腿一样细小，更要命的是：他没有肛门。

在医生的抢救之下，这个孩子暂时存活了下来，通过手术改造后，他可以痛苦地排便了。可是医生却断言他活不过几天，让他的父母作好心理准备。

然而奇迹就这样发生了，这个小生命虽然孱弱无比，但却非常坚强，他居然活了下来。

在以后的日子里，他一次次打破了医生的预言，尽管似乎随时都在面临着死亡，可他却一直坚强地活着，不仅如此，后来他还成为了令人尊敬的人物。

约翰·库缇斯的生命就是这样得来的，生活从他出生时起就给予了他超乎常理的磨难，似乎想要一次又一次打败他，可是他却一次次地战胜了这些磨难。看到他的经历，人们就像看到一个与命运斗争的战士一样敬佩他。

约翰·库缇斯似乎一直活在生死的边缘，可他却在众人关切的目光中慢慢长大了。到 18 岁时，约翰决定切掉自己不能发挥作用的双腿，这样可以使他的身体更轻，而他也从此变成了"半个人"。

面对不断啜泣的母亲，约翰·库缇斯笑着安慰她："不用担心，妈妈。我虽然只剩下半个，却可以活得更好，这并不比其他的灾难来得更猛烈，我完全可以承受。"

他果然没有辜负大家的期望，失去双腿之后，约翰·库缇斯开始学习用手走路，他希望看到更多的风景，体验美好的生活。当人们被他这种永不放弃的精神所感动时，他总是笑着开玩笑说：我看到最多的风景就是各种各样的腿、鞋子，以及女孩们的裙子。

对于这样的一个人，能够坚强乐观地活着已属不易，所以从来都没有人要求约翰·库缇斯去做什么。但他却不愿意做一个坐享其成的人，他希望可以自食其力。在约翰·库缇斯的心目之中，虽然自己存在很多缺陷，可是懒惰并不是他的长处。"我可以做很多事，"他对每一个人说，"如果有人聘用我的话，我会为他带来财富。"可尽管如此，当他趴在滑板上开始出门找工作时，还是被很多人拒绝了。

每当约翰·库缇斯敲开一家店铺的门希望可以找到一份工作时，对方甚至会发现不了趴在滑板上的他。尽管店主会被他的坚强所打动，但是仍然认为不能雇用他。约翰没有放弃，他持续地敲开不同店家的大门，主动推荐自己，人们都在奇怪这个人的信心似乎从来都不会枯竭。在经历了数千家的拒绝之后，终于有人愿意雇用他了，约翰兴奋地滑回家，对着妈妈喊："我有工作了！"

他每天趴在滑板上去上班，用饱满的热情去迎接每一个人，约翰·库缇斯似乎比以前更辛苦了，可他却比以前更开心了。尽管没有了双腿，他却萌生了成为运动健将的想法。于是在上班之余，他又出现在室内网球俱乐部，出现在举重场。虽然他并不灵活，也不健壮，可是他却表现得非常快乐和自信。

这些努力让约翰·库缇斯的命运开始有了转变，1994 年，他参加了澳大利亚残疾人网球赛，并且一举成为冠军，当他捧起奖杯时，所有的那些嘲笑和痛苦，都被有力地回击了。约翰说："我相信自己可以做到！"这句简短有力的话，震撼了每一个观众的心。

真正让大家认识约翰·库缇斯并且改变他人生的，是一次偶然的演讲。他被邀请到讲台上去讲述自己的人生经验，讲述在命运的磨难面前不肯低头的故事。他不断拼搏的故事带给听众很多启迪，许多人慕名而来听约翰的演讲，并纷纷表示收获颇丰。

有一次，他问自己的听众："你们之中，有多少人不喜欢自己的鞋子？"

听众中有很多人举起了手臂，约翰·库缇斯的眼神变得犀利，语气也忽然变得严肃起来，他缓缓举起手上的红色橡胶手套，说："这是我的鞋子，我愿意和不喜欢自己鞋的人交换，你们谁愿意？"会场忽然变得安静起来，约翰接着说："就算是我拥有全世界的财富，我也愿意和你换那双鞋。现在，你们有谁还在抱怨自己的鞋子呢？"

约翰的励志演讲风靡了整个澳大利亚，他的事业也因此慢慢起步。可是当他30岁时，生活又给了他一次重击，约翰罹患癌症，再一次和死亡面对面。就算生活有如此多的磨难，约翰也从未失去过信心，从不肯低头就范，他坚强地和病魔作着抗争。2000年，他成功进入癌症痊愈者行列，他又一次胜利了！

现在已经拥有了美满的家庭和可爱的儿子的约翰·库缇斯，生活得非常幸福，他总是说："即使我们的人生并不完美，也不要向它低头，也永远不要对自己说'不'，只要你不断抗争，就能战胜它。"

◀ ◀ 自信敲门声 ▶ ▶

只要坚持努力，永不低头，就算生活不完美，我们也可以让自己生活得幸福。

　　对于不断遭遇重创的约翰来说，他所承受的灾难已经超出了常人所能承受的范畴，任何一种情况都足以让一个懦弱的人崩溃，可纵使它们叠加到约翰身上，也没能打败这个坚强的人。

　　在这个世界上，无时无处不存在伤痛和苦难，然而当灾难来袭，我们是要低头承受，还是昂首战斗？不要担心你不能战胜，因为我们顽强的意志会比苦难更加强大。只要我们永不放弃，就能在苦难中寻找到幸福的生活。

　　在重重苦难面前，约翰没有放弃，即便在别人的眼中他的人生千疮百孔，但他却把生活描绘得多姿多彩，这是多么的难能可贵！他足以让我们相信：只要心灵不哭泣，完满的生活就会拥抱我们。

我要当总统

我不会做一辈子伐木工，我相信自己可以改变这种生活。

一声嘹亮的婴儿啼哭划破了寂静的夜空，一个婴儿出生在美国马萨诸塞州一个偏远山村的农户家中。出生在这样的一个家庭之中，这个孩子的命运似乎可以预见，他一定会非常艰辛地度过这一生。

在这个孩子后来的自传之中，他说："当我还在襁褓中的时候，贫穷就已经露出了它凶恶的面目。"笼罩在这种阴影之下的他逐渐长大，还在牙牙学语的时候，家庭就已经不能维持温饱了。为了维持几个孩子的生计，他的父母不得不同时做好几份工作，即便如此，全家人仍时刻受到饥饿的威胁。

从他记事的时候起，这个孩子就显露出比别的孩子更加懂事的特质。每当他觉得有点饿时，都会努力忍住，不去向母亲索要食物，因为他知道家里已经没有多少可吃的东西了。可是小孩子总是容易饿，当他实在忍受不住时，才会用一双深陷在眼窝中的眼睛悄悄观察母亲的脸色，如果此时母亲并没有愁眉紧锁，他就会伸出小手，向母亲要一片面包充饥。这个令人心疼的孩子在饥饿中逐渐成长，因为生活的穷苦，他反而自己学会了很多生存的技能。

穷人的孩子早当家，家里没有余力支付他的学费，所以这个孩子没有接受过完整的教育。他首先要解决的是生计问题，所以当他十多岁可以做工的时候，便离开了家去谋生，以缓解家庭的压力。他的第一份工作是做学徒，这是一份苦差事，需要忍受肉体和精神的双重折磨。但凡家里有一些办法的，没有人愿意送自己的孩子去做学徒，可是这个孩子却一直做了十余年。

充满血泪的学徒生涯结束之后，这个孩子的命运并没有好转，他又去了遥远的森林里做伐木工。森林离家很远，需要长途跋涉，空旷的森林里除了几个同行的伐木工人外再见不到人烟。艰苦的工作环境并没有让他退缩，因为他知道自己别无选择，这样的工作他又一做便是好几年。

从出生到现在，似乎他从未得到任何改变生活的机会，可是已经长成强壮青年的他，却从来没有放弃提高自己。做伐木工虽然很辛苦，但是他还会利用夜间休息的时间坚持阅读。每次做完活之后，他都要跑十几里山路，从镇上的图书馆借书，带到自己的帐篷里去学习。白天的劳累会在夜晚的阅读之中一扫而空，有时候看着看着，他会疲惫地睡去。可就算在梦里，他也会因为书中的美好世界而发出笑声。

工友们纷纷说："伙计，伐木工不需要看那么多书，你看它有什么用呢？还不如多砍几棵树，可以多得到一些薪水。"

而年轻人却说："我不会做一辈子伐木工，我相信自己可以改变这种生活。"

汲取知识成了他生活中最快乐的事，因为有了这种信心，这个年轻人从来不会抱怨生活的不公和艰难，也不会怨恨任何人任何事，就算是工头给他不好的待遇，他也只是笑一笑。此时，一个可以改变他人生的机会正在悄然来临。

有一天，他得知伐木场附近的一个政府机构要招书记员，凭借着这几年知识的积累，他知道自己的能力和水平足以胜任这份工作，他的工友也非常支持他去尝试。于是，年轻人兴冲冲地奔向报名处，可是一位负责人看到这个伐木工却不屑一顾地说："想要成为这里的书记员，必须要有高等的学历，同时还需要当地资金丰厚的人作担保，这两项条件你能够达到吗？"

这个生于苦难之中的年轻人，从来没有上过学，又何来高等学历？他的家庭连吃饱饭都是问题，又怎么会有富有的人为他作担保呢？这样的条件足以将他拒之门外，这个看似改变命运的机会，其实只是对他的一次嘲讽。

负责人讥讽地笑了笑，再也不去理会他，可是这个负责人没有想到：这个被他嘲笑的年轻人，竟然完全依靠自学获得的知识，在四十多岁时以绝对优势打败了竞争对手，进入了美国国会。此后，他又凭借出色的政绩成为令人爱戴的美国副总统。

他就是美国历史上最优秀的副总统之一——亨利·威尔逊，在重重磨难面前，他没有被打败。他深信自己可以改变人生，这种自信支撑着他不仅为自己，更为美国人民创造出了令人刮目相看的伟大成就。

◆ ◀ 自信敲门声 ▶ ▶

出身贫困的人不见得终生潦倒，而出身富贵的人也不见得一生荣华，只有相信自己，才是让一个人获得精彩人生的最强力量。

亨利·威尔逊在困苦之中拼搏时，似乎看不到一点曙光，而心中的自信又让他一直不愿放弃。自强不息的奋斗与对未来的向往，让他获得了成功，也让所有人相信：改变的力量来自我们的自身，只要你坚信自己可以，你就会改变自己的人生。

一时的磨难或成败，会给我们带来一些影响，但这种阴影并不能覆盖我们的一生。不管是出身的贫苦还是生活条件的恶劣，都不能磨灭一个人对美好生活的向往，因为我们坚信命运掌握在自己手中，所以我们永不放弃追逐梦想的信念。

第四章　思考带来力量

引言：

　　每一个人的大脑都具备无限潜能，科学研究发现：人一生之中所启用的智慧只有大脑能力的百分之二，可见我们有多少的能量被闲置。只要动用思考的力量，就能发现生活的奇妙；只要善于观察，就可以通过细节找到被捡藏的真相。很多时候，聪明人并非比我们多拥有什么，他们只是比平常更善于思考而已。

沸腾的咖啡壶

一切的真相，都是这只咖啡壶告诉我的。

大侦探哈莱金是一个以善于分析判断而闻名的人，由于他卓越的侦破能力，不但普通百姓时常找他帮忙，就连警方也经常得到他的帮助。而这个热心的侦探可谓来者不拒，他对每一个人都热情地接待，并敏锐地寻找人们想要找的真相。

有一次，哈莱金去森林里打猎，当他进入林区的时候与一对前来野营的人相遇。大家热情地打过招呼之后就各奔东西了。哈莱金按照计划来到林中空地，支起了帐篷。当他享用了妻子为他准备的晚餐之后打算喝杯茶时，有一个人气喘吁吁地跑过来，并大叫着："哈莱金先生，请你救救我！"

诧异的哈莱金看着这个在来时的路上偶遇的年轻人，不知道发生了什么事，忙安抚住他问："不要惊慌，你先告诉我：你叫什么名字？"

哈莱金的冷静让这个年轻人也变得安定下来，但他还是眼神慌张地说："我叫福尔顿。"

哈莱金点点头，又问："发生什么事了，你慢慢讲。"

福尔顿努力平静了一下，说："和您在路上分别之后，我与朋友比尔一起去了营地，一个小时前，我们在那里吃过了晚餐，正准备要喝咖啡，忽然从树林里钻出来两个人，我本以为他们也是猎手，所以热情地邀请他们过来一起享用咖啡，谁知道他们居然是强盗！"

"强盗？"哈莱金大吃一惊，在很久以前，这一地区曾经出现过森林抢匪，但经过治理后已经太平很久了，大家都以为再也不会有强盗出现了。

福尔顿见他吃惊的样子，肯定地点点头，说："是的，先生，他们肯定是强盗。他们开始抢劫我们的东西，比尔非常生气，就与他们展开了搏斗。谁知道在搏斗的过程中，他被两个匪徒用枪托击中头部，然后晕倒了！"

哈莱金收拾好东西，对福尔顿说："我们边走边说。"

"好的。"福尔顿一边带着哈莱金朝来时的方向走去，一边继续叙述着刚刚发生的事："两个匪徒打倒我们之后，又找出绳子来把我们捆在一起，他们翻空了我们的行囊，将钱抢劫一空，然后逃之夭夭。他们走后，我在岩石上蹭了很久才把绳索磨断，可是当我解开比尔的时候，他的心脏已经停止跳动了。我可怜的朋友……"一边说着，福尔顿一边流下了眼泪。

"你为什么不大声呼救呢？"哈莱金边快速地走边问。

福尔顿说："因为想到您可能就在附近，所以我大声地喊了几声，却被他们塞住了嘴。最后只能逃脱后再来向您求救了。"

在一片空旷的露营地，哈莱金找到了比尔和福尔顿的帐篷。高大的比尔仰卧在快要熄灭的火堆边上，两条被割断的绳子胡乱扔在他的脚下，很显然他曾经被人绑了起来。而他们的行囊——两个睡袋和帆布包被散乱地丢在地上，似乎抢劫的人才刚刚离去一样。不远处的一块大石头上，摆放着两副杯碟和刀叉，显然这两个人刚刚吃过晚餐还没来得及收拾。

福尔顿似乎悲伤得不能自持，他难过地守着比尔的尸体，不住地抱怨着自己没有保护好朋友，诅咒着那几个抢匪。

哈莱金仔细查看了死尸后发现，比尔确实是在一个小时之前死的，死因是被钝器击碎了颅骨。当哈莱金的目光重新回到火堆上，忽然看见那只黑色的咖啡壶发出"嘶嘶"的声音。原来刚刚煮沸的咖啡撒了出来，香浓的咖啡味在空气中萦绕着，滴落在还没有烧完的木炭上。

看到这一切，哈莱金忽然掏出手枪对准福尔顿，这个刚刚受到惊吓还沉浸在失去朋友的伤痛之中的人被吓了一跳，他大叫着："哈莱金先生，你怎么了？为什么要用枪指着我！"

哈莱金笑了笑，说："看得出来你不是一个作案的老手，所以我只需要一眼就能看穿你的勾当。"

福尔顿结结巴巴地说："您这是……什么意思？"

哈莱金指着咖啡壶说："一切的真相，都是这只咖啡壶告诉我的。比尔不是被抢匪所杀，而是死在你这个好朋友的手中，对不对？"

福尔顿大吃一惊，没想到哈莱金这么快就发现了事情的真相，他忙问："你是怎么知道的？"

哈莱金说："如果真的像你所说的，一个小时前你和比尔准备喝咖啡，而那个时候抢匪出现了，那这个咖啡壶就应该已经在火上坐了一小时了。这么久的时间，水早应该被煮干了，可它到现在还能溢出来。所以，事实的真相就是：你杀死了比尔，然后才将水壶放在火上的。否则，你也不用这样骗我了。"

因为哈莱金的细致观察和思考能力，让他瞬时就破解了一出杀人案。当福尔顿被移交到警察手上时，他只能垂头丧气地说："哈莱金可真是名不虚传啊！"

≪ ‹ 思考敲门声 › ≫

细节之中往往隐藏着事情的真相，而大多数人之所以不能发现，是因为他们缺少敏锐的观察力和思考能力。

我们的眼睛在看世界，而大脑却在分析世界，如果只是相信自己所看到的，却不用大脑去思考，就会被现象所蒙蔽，思考能力也会被闲置，这是多么大的浪费啊！蛛丝马迹在善于思考的人眼中非常珍贵，聪明的侦探正是因为沸腾的咖啡壶这一细节而发现了整个事情的真相，让真正的凶手没能逃脱法律的惩罚。

凶手布置了以假乱真的场景来让侦探侦查，如果哈莱金相信了他的叙述而放弃了自己的分析，那他就会成为帮凶，而把事情的真相掩藏。所以，在生活中要善于发挥你的潜能，发掘你的思考能力，去寻找蛛丝马迹，让我们做一个聪明、严谨的人吧！

善于推断的林肯

如果是这样，又怎么解释这里没有他的脚印呢？难道是神甫死后还爬起来把脚印给抹掉了吗？

林肯是一个善于思考的人，这个优点在生活中帮了他的大忙，让他在非常年轻的时候，就成为了让众人称赞不已的聪明人。而让人们最为敬佩的，是林肯 24 岁时在纽萨赖姆林邮局工作时的一件事。

在纽萨赖姆林邮局做送信员时，由于林肯表现得非常勤恳，在老局长卸任而新局长还没能到达期间，他被任命为代理局长。这个 24 岁的年轻人并没有因为被提拔而变得骄傲懒散，他还是像以前一样任劳任怨，每天背着包裹挨门挨户去给人们送信。

有一天清晨，林肯去给一个叫做史密斯的神甫送信。这位神甫才来到这里不久，因为他领导大家一起建造的教堂还没有造好，所以只能临时住在一间小屋里。已经来过很多次的林肯对这里的环境非常熟悉，他径直来到这间小屋门前敲门，可是半天都没人回应。"这么早，神甫会去哪儿呢？"林肯疑惑地想，"也许他去散步了。"

于是林肯走到小屋后面，想看看神甫会不会在附近，可是他却在屋后看到了令人震惊的一幕：神甫倒卧在田地里，背上还扎着一只箭。

大吃一惊的林肯急忙向警察报案，警察赶来检查了尸体，又经过了开会讨论，都认定是附近的居民所为。当那几个有嫌疑的居民被抓来时，他们都拒绝承认自己是凶手。

"为什么要抓我们，我们都是教堂的信众，又怎么会是凶手呢？"嫌疑人不断大喊着为自己辩护。而警察局长却说："神甫来到这里建造教堂，曾经因为要占用土地和你们几个人发生过冲突，所以你们最有嫌疑杀害他。"

"上帝啊！"嫌疑人悲愤地大叫，"我们只不过是建议神甫换一个交通更便利的地方，丝毫没有和他发生争执。更何况，就算与神甫有矛盾，我们也不会因此就去杀人的！难道没有人相信我们是守法的公民吗？"

警察局长对于他们的辩解丝毫不在意，只是命令将他们拘捕起来。而林肯看到这些人非常激动地争辩，感觉他们似乎真的与此事无关。他在神甫的尸体周围走来走去，眉头紧锁地观察了半天，又把警察局长叫过去问道："您既然认定是这几个人杀了神甫，为什么地上没有他们的脚印呢？"

警察局长不以为然地说："因为他们是从远处射箭过来杀死神甫的。"

林肯又问："那为什么地上连神甫的脚印都没有呢？要知道昨晚刚刚下过雨，田地里到处都是湿的，土这么软，只要有人走过就会留下脚印。"

警察局长说："那应该是大雨把神甫的脚印给冲掉了。"

林肯还是锲而不舍地问："那么，警察先生，这么讲的话神甫的尸体也淋雨了，可是他的衣服却是干燥的。这是为什么？"

警察局长有点局促地说："已经过了一夜，可能被风吹干了吧。"

"这不可能，"林肯坚定地说，"你看，他的伤口还有血在凝结，要是给雨淋过，血迹也应该早就冲干净了。"

"那么神甫就是在雨停之后被射死的。"

"如果是这样，又怎么解释这里没有他的脚印呢？难道是神甫死后还爬起来把脚印给抹掉了吗？"

警察局长被问得目瞪口呆，再也无法回答林肯的问题，他擦了擦额头的汗，默不做声。而林肯走过去，指着神甫背上的箭说："最大的疑点，就来自于这支箭，它是一支印第安人的毒箭，别人根本不会制作这种箭。"

警察局长只好问林肯："那么依照你的看法，这一切是怎么发生的呢？"

林肯说："我知道，在这附近有一个印第安人的部落，他们的酋长名叫'黑鹰'，长期以来由于宗教信仰不同而和这个村子有着宿仇。这支箭可以证明他们曾经来过这里。"

林肯的话被周围的村民证实了，印第安人时常会出现在这里，并且因为建造教堂的缘故他们还曾经抗议过。但就算证明了这支箭是印第安人的，也不能说明神甫的脚印为什么不见了。

林肯仔细观察着四周的环境，他发现距离神甫倒地处不远的地方，有一个两米高的墙壁，这是为了遮挡教堂的工地而临时搭建的。他走过去踮起脚尖，朝矮墙对面看去，里面是一个荒凉的院子，一棵大树上挂着一个秋千，四周都是光秃秃的红土，杂草不生的地面上没有人走过的痕迹。

看到这一切，林肯的心里已经明白了，他说："我明白是怎么回事了。"他指着对面的秋千对警察局长说："那棵大树上有一个秋千，神甫本身就年轻爱玩，又因为教堂马上要建造好，所以非常高兴，就来这里荡秋千。这个时候，酋长的箭射中了他，他的身体随着秋千的摆动，被抛过矮墙，落在了田地里。所以，在这里没有留下他的脚印。"

大家对林肯的解释心服口服，警察按照他的提示很快就找到了凶手，事实证明林肯的推断完全正确，而那些无辜的人也被释放了。

‹ ‹ 思考敲门声 › ›

想要得到答案，就要善于提问，在问题的指引之下，可以发现我们所需要的真相。

在宗教信仰很虔诚的地方，神甫是非常受尊敬的，他们被认为是人与神之间的沟通者，因此没有信众会向一个神甫痛下杀手。林肯通过自己的观察和分析，不仅找出了真正的凶手，更为无辜的人平反，没有遭受本不该让他们承受的痛苦，这是一个善于思考的人带给大家的福音。

任何不能圆满解答的问题，都代表着还有未被发掘的隐情。只有当一个问题可以获得符合常理的解释时，才能证明推断是正确的。

长颈鹿的嘶鸣

他一定以为最危险的地方最安全，所以才重返了这里。谁知道他露出了马脚，反而节省了我们抓捕他的时间。

在空旷的郊外大道上，有一个神色匆匆的男子正一路狂奔，他慌忙来到警察局，惊魂未定的他用颤抖的声音说："不好了，出事了！"

警察忙将他带进一间安静的屋子，仔细询问事情的经过。这个慌张的男人对警察说："有一个人倒在动物园里，他看上去似乎要死了。"

"你叫什么名字？你是怎么发现这一切的？"警察问。

"我叫查理，我路过那里的时候发现的。"

"好，查理，请你带我们去现场看看吧。"

在这个报案人的带领下，警察们很快就开车来到夜色笼罩中的动物园，虽然天黑下来已经很久了，可是动物们似乎是刚刚受到了惊吓，都在嘶吼鸣叫，让动物园显得异乎寻常的热闹。这个动物园靠近公路，每一处大门都有门卫在看守，而最靠近大门的是长颈鹿观赏区，人们只要走进来就可以看到长颈鹿优美的姿态。异乎寻常的是，虽然别的动物都很烦躁，可是长颈鹿的鹿圈中却很安静，它没有在里面走来走去，而是静悄悄地倒伏在地上。

继续向动物园里走去，警察发现在距离大门不远处，有一个身穿门卫制服的男子倒在血泊之中。看来他是这里的工作人员，可是不知道为什么会受到攻击。

警察检查了门卫的尸体，发现他是中弹而亡，并且刚死不久。这个门卫向来尽忠职守，从来不会轻易离开岗位半步。这样的一个人，怎么会惹来杀身之祸呢？警察想了想，问查理道："你认识这个门卫吗？"

查理摇摇头说："我不认识他，我只是路过这里而已。"

"那请说一说你发现他时的情形。"

"是这样的，警察先生，"查理经过警察的安抚似乎已经变得平静了，语言也显得非常有条理，"刚才我在路边散步的时候，有一辆车从我的身旁开过，那车的速度很慢。我正在疑惑，忽然就看到车的尾灯亮了，接着就听到了离动物园大门不远处的长颈鹿在嘶鸣，它的声音充满了恐惧，所以我就跑过来想看看发生了什么事情。结果，我看到一只长颈鹿在鹿圈里来回狂奔，然后轰然倒地。我不知道这个可怜的动物受到了什么惊吓，就想再靠近一些去看，结果被一个东西给绊倒了，我一看——原来是一具尸体！所以我就急忙去报案了。"

"那辆车去哪儿了？"警察问。

查理凝神想了想，指着大路尽头的方向说："在我朝长颈鹿跑来的时候，看到车朝那个方向开走了。"

警察看到门卫中枪的部位是后背，应该是有人在他身后开枪。而鹿圈之中倒地的长颈鹿也受了枪伤，有子弹从它的颈部打了过去。两枪分别打中了人和动物，这并不符合常理，因为没有人会去伤害一只长颈鹿，它只是待在鹿圈里，不会妨碍到任何人。

查理在一旁说："也许是那个杀害门卫的人太紧张，所以第一枪没能打中他，却打中了可怜的长颈鹿，于是又开了一枪，才打中这个人。"

警察忽然站起来，指着查理说："你讲的非常有道理。不过还有一件事你却没有说实话：杀死门卫的人是你。"

查理慌张地摇手说："不，不是我！我只是一个报案人，您怎么会认为是我杀死他的呢！"

警察拿出手铐迅速地将查理铐起来，别的人都疑惑地问："他是来报案的，为什么您会认定他是凶手？"

"他曾经说，他是听到了长颈鹿的嘶鸣才跑过来一看究竟的，结果却发现了尸体。"警察说，"可是事实上，所有的长颈鹿都是哑巴，它们是不会发出鸣叫的动物，他又从哪儿听到的呢？如果他不是凶手，又何必编造这样的谎话来骗我们呢？"

有人问："那他为什么不赶紧逃跑，还要跑到警察局去报案呢？"

警察说："这正是他狡猾的地方，他到警察局去报案，是为了洗脱自己和这件事的干系，想要用报案人的身份来掩盖凶手的身份。正是因为很多人认为凶手会逃之夭夭，不会自投罗网，所以他才反其道而行，主动跑到警察局去。他一定以为最危险的地方最安全，所以才重返了这里。谁知道他露出了马脚，反而节省了我们抓捕他的时间。"

在后来的审问中发现，查理果然是凶手。这个聪明的警察不费吹灰之力，通过对一个小小细节的分析，就将凶手缉拿归案了。

◀◀ 思考敲门声 ▶▶

一个人想要拥有智慧和力量，就要善于观察，善于思考，同时也要有知识的积累。知识是人类最好的营养品，它可以帮助人们更好地了解世界，更好地利用世界为人类服务。

当警察接到了这个奇怪的报案时，如果以常理去思考就很容易被蒙蔽，但正因为这个警察具备了丰富的知识，他对动物的了解帮助他迅速作出了正确的判断，让凶手也可以很快被绳之以法。如果不知道长颈鹿不能发声这一特点，纵使观察再仔细，思考再严密，也不能很快发现事情的真相，只能在报案人别有用心的引导之下越走越远，错失了惩恶扬善的机会。

当我们遇到难题时，也许正是因为知识的积累不足才会被难住，只要有了恰当的知识，所有的问题都会迎刃而解。思考要想发挥力量，也需要建立在知识的基础上，只有丰富而正确的知识，才能帮助我们在思考分析的时候作出正确的判断。

善于学习、善于观察、善于思考，一个人具备了这三方面的优势，必然会成为一个有智慧、有力量的人，世界也会处于他的掌控之中。

会说话的金表

难道这表会说话吗？你只需要看一眼这表，就能知道这么多？

大侦探福尔摩斯的聪明是出了名的，他似乎长着一双可以看穿任何人的眼睛，只要有人想在他面前有所隐瞒，肯定会被他揭个底儿朝天。这双锐利的眼睛帮助他解决了很多疑难案件，让真相得以大白于天下。

福尔摩斯的好朋友华生医生一直都追随在他的身边，但让他百思不得其解的是：为什么福尔摩斯会这么聪明？两个人看到的是同一个场景，可福尔摩斯却能很快发现一些情况，华生却什么都没看到，这让华生很是闷闷不乐。于是，他打算考一考这个聪明睿智的大侦探。

在某一天吃过晚饭之后，两个好朋友相对而坐，华生递给福尔摩斯一只怀表，对他说："这是一只我刚刚得到的怀表，您能说出它的旧主人有什么特点吗？他是一个什么性格的人，有什么样的生活习惯？"

福尔摩斯笑着接过怀表，那是一只黄澄澄的金表，他轻轻打开表盖，拿出高度放大镜仔细看了看，抬起头笑眯眯地开口说："我的好朋友，你就别给我出难题了，这根本不是你刚刚买来的怀表，而是你的父亲留给你哥哥的遗物。"

华生诧异地问："你怎么知道的？"

福尔摩斯笑着说："在表的背面刻着 H、W 两个字母，W 是你的姓氏缩写，所以我肯定这是你们家族的东西。这个表应该是在十五年前制作的，所以我猜它应该是你们家上一辈人的遗物。"

华生问："那你又怎么知道他是我父亲的，又怎么知道是我父亲给我哥哥的呢？"

福尔摩斯指着表说："按照长期以来人们的习惯，珠宝类的家产都会被传给长子，而长子又往往会沿用父亲的名字。你的父亲已经去世很多年了，所以我想这只金表应该是保留在你的哥哥手中。"

听了他的分析，华生忍不住点点头，说："您说得全对，不过还有个问题：我哥哥是一个什么性格的人？"

福尔摩斯说："请您原谅：你的哥哥是一个放荡不羁而又生活潦倒的人。他有时候穷得叮当响，有了钱又穷奢极欲。最后，他是酗酒而死的。我说得对不对？"

听了这一番话，华生满脸狐疑地望着福尔摩斯，忽然大笑着说："你是大名鼎鼎的侦探，你肯定在以前就调查过我哥哥的历史，是不是？"

福尔摩斯摇摇头，笑着说："我向你保证，在见到这只表之前，我连你有一位哥哥都不知道，更何谈去调查他呢？"

"那么，"华生又陷入了疑惑，他问："难道这表会说话吗？你只需要看一眼这表，就能知道这么多？"

福尔摩斯指着表说："是的，它会说话，它告诉我很多关于你哥哥的事情。你先看这表的表面，它伤痕累累，这就是说它时常跟硬币、钥匙之类坚硬的东西装在一起，才会磨出这么多划痕。这支金表至少价值五十多英镑，但是却如此不受重视，所以它告诉我说：你哥哥的生活一定是很奢侈，才会不把它当回事。"

华生点点头："确实是这样，我哥哥从来不把这只表当回事。但这只能说明他很有钱，这只会说话的表又是怎么告诉你他曾经生活潦倒过呢？"

福尔摩斯又说："根据我的经验，伦敦的当铺有一个惯例：每当收进一只表，就会用尖针把当票的号码刻在表里面，因为怕赎回的时候当票和实物对不上。而我刚才用放大镜查看这只表的时候，发现它里面至少有四个这样的当票号码。这说明，你哥哥常常会缺钱用，所以将表当出去，等到有钱的时候再赎回来。"

华生佩服地点点头，又问："那么，你又怎么知道他是一个酗酒的人呢？"

福尔摩斯又说："你凑近看，这个表的钥匙孔周围，有很多伤痕，全都是钥匙摩擦造成的。一般大脑清醒的人插钥匙，基本会一插就进去，可是喝醉酒的人却因为盯不住钥匙孔而不断拿钥匙在上面乱戳，所以才会造成这样的伤害。唯一的解释便是：你哥哥嗜酒如命。"

华生见福尔摩斯说得全部正确，不由得笑着说："你真的配得上大侦探这个称号啊！而且，你简直就要成为一本百科全书了！"

◀◀ 思考敲门声 ▶▶

对于细节把握得不差分毫，可以让一个人变得目光锐利，就算再深藏的信息都逃不过他们的眼睛。

世人都非常佩服福尔摩斯的智慧，这个大侦探可以看到人们不能发现的世界。而他和常人的区别却仅仅在于善于思考而已。那些司空见惯的细节信息，在福尔摩斯的眼里都弥足珍贵，因为它们会传达给这个大侦探一些信息，告诉他究竟发生过什么。福尔摩斯就如同是在和这只表对话一样，轻而易举就发现了它的主人是一个什么样的人。这种本事真是让人又赞叹又羡慕啊，不过，只要你多一份细心，多一份思考，你也可以拥有这样的力量。

在善于思考的人眼里，这个世界的任何细节都会说话，它们可以告诉你你想知道的信息。

与教授辩论

上帝并没有创造邪恶，他只创造了爱，可是当人们心中的爱越来越少，邪恶就成为缺少爱的结果。

在一所大学的课堂上，教授正在为学生讲课，他问一名学生："世界上的一切是谁创造的？"

在宗教盛行的年代里，学生都是虔诚的信徒，所以学生回答："是上帝创造了一切。"

而教授又追问："上帝创造了每一样东西吗？"

"是这样的，先生。"学生老实地回答。

教授继续发问："如果说上帝创造了一切，那么邪恶也是上帝创造的了？因为人类是上帝按照自己的模样来创造的，依照人类的邪恶行为来判断，上帝也应该是邪恶的了？"

学生们都沉默了，虽然教授的逻辑似乎没有任何的错误，可是得出的结论却似乎有些让人无法接受。但问题是没有一个学生可以反驳他，因为他的每一句话都合情合理，并且是建立在学生回答的基础上的。

看到这一切，教授感到非常得意，因为他认为自己已经将学生带进了思维的圈套，让他们无力反驳。正在大家沉默的时候，却有一个人飞快地思考着老师的漏洞。他想了想，便举手说："老师，我可以问您一个问题吗？"

教授爽快地回答："当然可以。"

这个学生站起来问："老师，请问这个世界上存在寒冷吗？"

"这算问题吗？寒冷当然是存在的，难道你感觉不到吗？"教授讥笑着回答，而同学们也都哄堂大笑起来。

但这位学生却胸有成竹地说："不，先生，事实上寒冷并不存在。"

教授疑惑地问："你凭什么这么讲，我们每个人都感觉到了寒冷，它怎么会不存在？你有什么证据证明吗？"

这位学生朗声说："根据物理学的原理，我们所感受到的寒冷其实只是因为缺少热量。当热度存在时或者可以传递能量时，我们的身体就会感到非常温暖；当热量逐渐消失的时候，身体也会感到慢慢变冷。热度是可以测量的，每天我们都知道今天气温是多少度。而寒冷却不能测量，从来没有人说过今天的寒冷是多少度。对吗，老师？"

他的侃侃而谈引起了大家的注意，连教授都觉得他说得很有道理，他点点头，而这名学生接着说："所以我们所说的寒冷只是在描述缺少热度时的感受，绝对的零度是热度的完全消失，那时所有的物质都会停止一切运动，包括分子和原子等所有的范畴，不过这种绝对的现象是不会存在的，也就是说不会有绝对的零度，也就不会有寒冷。"

这一次轮到教授陷入沉思了，这名学生并没有停下来，他接着问："请问老师，黑暗是存在的吗？"

教授又一次不假思索地说："当然存在，夜里就是黑暗的。"

学生笑着说："您错了，黑暗也同样是不存在的。"不等别人发问，他就继续说："事实上，黑暗的出现是因为缺少光亮。光是可以测量的，黑暗却不能。我们可以用牛顿的三棱镜将日光折射出各种各样的颜色，分析它的构成色谱，研究每一种光的波长。但是在座的各位有谁可以测量黑暗呢？"

大家继续沉默着，等待这名机智的同学解开答案，只见他昂首朗声说："一道光线就可以划破一个黑暗的世界，将它照亮。但是你无法知道一个空间之中的黑暗究竟有多少。所以，黑暗只是人类在描述光亮不存在时世界会是什么样子，事实上，并不存在黑暗。"

最后，这名学生又问教授："老师，邪恶是存在的吗？"

这一次，教授学聪明了，他没有很快地回答学生的提问，而是略加思索后才说："当然，我刚才已经说过了。我们每天都会看到有人在虐待动物，砍伐树木，有犯罪，也有道德沦丧，这些都是邪恶的。将自己的残忍施加到别的生命身上，世界上到处都有这样的邪恶，那些残暴的人也都证明了邪恶是存在的。"

本以为自己的这一番辩解无懈可击，但学生却依旧持反对的意见，他说："老师，您还是错了，邪恶并不存在。"

教授肯定地说："除了邪恶，我刚才所说的那些人和事，还能是什么呢？"

学生说："邪恶只是因为人们的心中缺少爱，您所说的那些情况都是这些人心中无爱的一个表现。就好像寒冷和黑暗一样，邪恶只是人类用来描述缺少爱的状态的词语。上帝并没有创造邪恶，他只创造了爱，可是当人们心中的爱越来越少，邪恶就成为缺少爱的结果。这就和寒冷的到来是因为缺少热量，黑暗的到来是因为缺少光亮，是一样的道理。"

话音刚落，所有的同学都情不自禁地为这名学生鼓起掌来，他们被他严密的逻辑、敏锐的思考力所倾倒。就连刚才还得意扬扬的教授，也忍不住鼓起掌来。他来到这名学生面前，微笑着问："年轻人，你有一颗了不起的大脑，你叫什么名字？"

这名学生回答："我叫阿尔伯特·爱因斯坦。"

◆ ◀ 思考敲门声 ▶ ▶

善于思考的人总是善于发问，因为他们的求知欲促使他们不停地去了解未知的东西。而善于发问的人也肯定善于思考，因为他们的问题会引导着自己不断寻求想要的答案。

　　爱因斯坦是影响世界的大科学家，他能够取得如此之高的成就，与他善于思考的习惯是分不开的。当陷入对方的逻辑之后，看似无懈可击的一个结论却会因为它本身的逻辑而破灭，这正是善于思考者才能使用的妙招，以子之矛攻子之盾。证明自己的同时也说明了对方结论的错误。

　　思考帮助爱因斯坦问倒了学识渊博的教授，也帮助他成为一名优秀的科学家，帮助他成为现代物理学的开创者和奠基人，足见思考是一项多么优秀的能力。

借书的奖励

您是如此热爱阅读和学习，才会从图书馆借书去看。看得越久，说明您对于阅读的热情越高，所以我们打算对您进行奖励，以鼓励人们都来阅读。

在加拿大有一个叫做卡尔加里的城市，它拥有着悠久的历史和丰富的文化，这里人们都非常热爱阅读，所以市里的图书馆成了最受欢迎的地方。在这座规模宏大的图书馆里，藏书很丰富，不管想要看什么样的书，都能在这里找到满意的著作。

有一位叫做卡尔的学者，正是听说了卡尔加里市图书馆的名气，才欣然来到这里。他为了学术研究经常出入这家图书馆，成为这里的常客。可是时间久了，他发现这座图书馆徒有虚名，因为有很多书他都借不到。仔细一查才发现，原来这些书都在图书馆藏书的名录之中，但却不能看到具体的实物。卡尔看着空荡荡的书架，只有叹息。

有一次，当卡尔因为要写一篇重要的论文而再次来到图书馆时，发现自己的借书单上所填写的书一本都没有。

图书管理员非常抱歉地说："对不起，先生，这些书都已经被借走了。"

卡尔非常生气地问："它们什么时候回来过吗？从我来这里开始，我就希望借到这几本书，可每次都是失望而回。我很怀疑你们到底有没有这几本书。"

满腔怒火的卡尔觉得自己不能再这样浪费时间了，他气冲冲地去了馆长的办公室，准备投诉管理员。

馆长是一个和蔼的小老头儿，他热情地接待了卡尔，并耐心地听他讲完了事情的缘由，然后告诉卡尔："这些书我们的图书馆里都有，但可能真的是被人借走了，所以您没能拿到。我会在以后加强管理，让管理员更好地协调读者的需要。"

卡尔说："我时常关注这几本书，它们似乎从来没有被还回来过，这又是怎么回事呢？"

"有这种事？"馆长也感到非常疑惑，他打电话叫来管理图书的负责人，打算问个究竟。而负责人却无奈地摊开双手说："是的，这些书都被人借走了，并且那些读者长期都没有还回来，有一些甚至都好几年了。"

馆长生气地说："好几年？那为什么不催还呢？"

负责人回答："我们的工作人员有很多都在做这些事，他们不断打电话去催读者还书，可这些人就是不还；有时候，我们不得不登门拜访，可他们总是不在家。总之，各种办法都试过了，就是不奏效。"

馆长叹了口气，问："已经逾期不还的图书大概有多少？"

负责人红着脸尴尬地说："有五千多册。"

"这么多书！"馆长大吃一惊，他对卡尔说："卡尔先生，我感到非常抱歉，今天不能满足您借阅的需求。如果您一个星期之后再来，我保证一定可以让您看到这些书。"

卡尔半信半疑地问："真的吗？几年都催不回来的书，你打算一个星期之内催回来？"

馆长点点头，说："是的，您放心，我有办法。"

经过了一番苦思冥想之后，馆长终于想出了一个绝妙的主意，他找来秘书仔细地布置了任务，这一招果然见效，在短短数天之内，读者们就争先恐后地将图书都还了回来。

原来，这位馆长向所有在这里借书的人发出了公开信，打算从借书人之中选出借书时间最久的一位给予奖励。信中说："您是如此热爱阅读和学习，才会从图书馆借书去看。看得越久，说明您对于阅读的热情越高，所以我们打算对您进行奖励，以鼓励人们都来阅读。如果您曾经在图书馆借书，只要能证明您借书最久，就可以获得这一次的奖品。"这封信让读者们纷纷拿起久借不还的书，送回了图书馆，争先恐后的样子就好像迟一点还书就会和奖品失之交臂一样。

一个星期之后，五千册图书收回了一大半，而其中更有一位读者是1987年将书借走的，这个时间跨度简直无人可以超越，他也毫无争议地获得了这一次奖励的奖品。

当图书馆长把奖品颁发给这位借书最久的读者时，卡尔也出现在图书馆，他对于自己是否能在一个星期之后看到需要的书感到好奇，而馆长却笑眯眯地将所有的书都为他准备好了。卡尔看着眼前的一切，有些不敢相信短短几天之内会有这么大变化，他问："馆长先生，你是怎么做到的？"

馆长摸了摸自己已经光秃秃的脑袋，笑着说："我只是找它帮了一下忙而已。"

≪ ‹ 思考敲门声 › ≫

再难的问题，经过思考之后都会变得简单，改换思路就可以带来不同的解决方法，好的办法让人轻而易举地达到目的，智慧地思考也让人们不再被难题困扰。

一直都不愿归还图书的读者，只是因为他们太过懒惰，要改变这种懒惰，就必须有足够吸引他们的事情。这位馆长正是通过仔细分析思考，找到了这一症结，才想出了用奖品吸引大家还书的良策。而事实证明，他果然达到了自己的目的，成功地收回了那些长达数年都没有归还的书。

悬而未决的问题长期困扰着人们，只是由于没有人去思考解决的办法，在人们的大脑之中，蕴藏着解决一切疑难问题的良策，但它们并非触手可及，需要我们通过思考的力量将它们找出来，才能让智慧发挥作用。

改变世界的小发明

一个小巧的设计，让我们的生活得到了很大的方便。

在一百多年前的美国，有一个叫做贾德森的年轻人，他不仅为人正直热情，非常喜欢帮助别人，并且是一个善于思考的人。每天在生活之中发现了有趣的事情，他都会研究半天，从小时候观察蚂蚁搬家，到长大之后观察火车，都让他乐此不疲。

贾德森是一个坐不住的家伙，所以他时常会在工作之余出门旅行，在某一次旅行的路上，因为人太多而非常拥挤，贾德森看到一个老太太肩上的口袋被人挤开了，里面装的米都洒了出来，他忙放下自己的旅行包上前帮忙。好不容易替老人收拾好东西，可是回头一看自己的行囊，居然口袋也打开了——在他帮助别人的时候，小偷趁机就拿走了他包里的财物。

老太太非常抱歉地说："真是对不起，年轻人，都是为了帮我才……"

贾德森开朗地说："没关系，您不用介意，我会自己想办法找回来的。"

虽然安慰老人是这么讲，但其实贾德森自己也束手无策。那里面有他带回来的纪念品，也有沿途的路费，现在已经身无分文了，他只好向远方的朋友求助。

这一次的狼狈让贾德森内心十分恼火，朋友们都开玩笑说他是一个"关不严行囊的人"。奥恼的贾德森一直都在思考怎么才能让包不那么轻易被人打开，当他请木匠为家里制作箱子时，忽然有了新发现：木箱子的接缝都是隔齿状吻接的。它们结构虽然简单，可这种齿齿相扣的方式却异常牢固。贾德森试着用手去掰了一下，发现丝毫不会移动。

木匠见状，说："这种齿吻结构很牢固的，已经使用几百年了，您就放心吧！"贾德森忙说："我是想：它能不能用在别的地方？"木匠疑惑地摇摇头，说："这我就不知道了。"

贾德森一直都在想着木箱的齿吻结构：要是可以在提包的开口部位，也采用类似的间隔状装置，不就可以让包严密地封起来了吗？这样别人既看不到里面是什么，更不能轻易地放手进去偷了。他很快就将这个想法付诸了实践，他找来木头做了两排小小的齿吻，让它们咬合在一起，装在包上。

这个装置果然让包变得异常安全，但也根本无法打开。因为木匠做的木箱是不用拆卸的，所以只有将它关起来的方法，却没有轻易打开的方法。贾德森看到这些，不由得有些失望。

而对于爱思考的人来说，生活之中处处都存在着机遇。贾德森受到木匠的提示，对齿状结构开始留意，而当他来到铁匠铺去买一把铁勺时，又获得了新的灵感。

在铁匠铺里，整齐地陈列着一排勺子，它们都被巧妙地挂起来，一根钢筋棍上，吊着上下两排勺子，上边一排被钢筋棍直接穿过勺柄眼，而下面一排是勺柄朝下，通过勺部"咬"牢在一起的。贾德森选中了位于下面一排的一把勺子，他想要取下来，却怎么使劲都拽不动，上下两把勺子牢牢地咬合在一起。

贾德森只好向铁匠求救，他问："您的勺子都挂得这么严实，要有多大力气的人才能将它取下来呢？"

而铁匠却笑着说："取下勺子并不需要多大的力气，只需一个小小的技巧而已，不信你可以试试，如果没有技巧用再大力气你也取不下来。"

贾德森听他这么一说，便用尽全力想要拽这把勺子出来，可累得他满头大汗，勺子却依然纹丝不动。

铁匠师傅看到他累得气喘吁吁，就笑着告诉他："你这样是白费力，只要将那把勺子左边的第五把向外扒开，其他的勺子才能取出来。"贾德森一试，果然很轻松就取下了勺子。

"这真是太巧妙了！"贾德森不由得赞叹，"生活之中真是处处有妙用啊！"

铁匠师傅也笑着说："不要以为我们铁匠只会用蛮力，我们也是很聪明的！"说完，两人哈哈大笑起来。

经过此事之后，贾德森的灵感获得了激发，他想起箱子上吻合的齿状间隔，如果再有一个铁勺一样的东西咬住就可以让它们不开裂。结合了两方面的启示，他决定设计一个全新的东西。

因为有了木匠和铁匠的帮助，贾德森的试验进行得非常顺利，他兴奋地制作了一个等距离间隔齿状排列的装置，齿形有两个特点，即一面凹下，一面凸起，宛如一个微型饭勺。这样的装置十分严实和牢固。上面又设计了一个滑动拉柄，拉柄前宽后窄，当它向前滑动时，窄的一端压迫两边的齿，两边相邻的齿就会密合在一起，使其闭锁得很结实，要打开便向后滑动，前端的挡头就使两边的链齿张开，就像铁匠挂勺子那样，把咬住的勺子扒开，链条便一扣一扣地打开了。

这便是在我们日常生活之中常见的拉链。在提包、衣服等各处，拉链都起着很重要的作用，一个小巧的设计，让我们的生活得到了很大的方便。爱思考的贾德森也因此成为人类的功臣，必将被永远铭记。

◀ ◀ 思考敲门声 ▶ ▶

拉链虽然很小，但它对社会进步有很多的推动作用，在生活中不可或缺，因此它被称为"改变 20 世纪的发明"之一。

时时处处用心思考，生活会给予你很多的提示，帮助你将自己的智慧应用于需要的地方。一个爱思考的人，他能变废为宝，也能为生活提供更多的便利，而周围的一切似乎都在帮助他一样，让他可以不断进步，直至获得成功。

发明创造需要的并不是超凡的智慧，而是多一点耐心、多一点细心、再多一点思考。所有的科学家几乎都具备这样的特点，当世人感叹于他们的成就时，却忘记了自己也可以成为这样的人。不要因为懒惰而放弃思考的习惯，因为你也许放弃的是成功的大好机会。

第五章　智慧赢得财富

引言：

　　人们总是喜欢抱怨生活给自己的机会太少，在羡慕别人成功的时候慨叹自己的不幸。然而生活是公平的，它给每个人的机遇是均等的，所不同的只是你是否善用了自己的智慧，抓住了机会。拥有智慧的人不一定具备超凡脱俗的思想，也不一定是大学问家，可他们一定懂得把握自己的机遇，通过努力改变生活，用智慧去赢得属于自己的财富。

屋顶的大象

数据是可以随便填写的，也可以造假，但大象很重的事实早就印刻在人们的意识之中了，所以让大象站在屋顶上，就会有很强的说服力，就足以让人们相信房屋很坚固。

在建筑界还流行使用固定的死板生产方式时，美国某建筑公司则开发了一种"预铸房屋"理念，这种新的建筑理念可以让房屋变得更加稳固，是对建筑业的一次推进。这家建筑公司认为这样的进步一定会获得消费者的支持，但没有料到市场早已被传统建筑方式所占据，大家并不了解这种新事物，更不愿意去冒险尝试。因此，当这种"预铸房屋"被投放到市场之后，久久无人问津。

公司的董事长和工程师们对此很不甘心，他们原以为超越前人的新事物肯定会被人们接受，没想到却遭遇到这样的局面。为了彻底了解人们不愿接受的原因，公司派出推销员到处调查，对于每一个有购房意向的消费者仔细地询问意见，最后了解到人们对于"预铸房屋"安全性的怀疑是大家不接受的主要原因。大家认为：新的建筑方式也许还不够成熟，对于安全性不太放心，不牢靠或者容易出现坍塌裂缝，因此也就不愿意掏钱购买了。

这种不信任感让公司感到很无奈，但怎么才能消除这种顾虑呢？专家们被召集到一起研究解决对策。

有的专家说："我们的新型建筑方式经过了一系列的抗震抗压试验，证明它是非常安全牢固的，现在既然人们不信任它，那不如就把那些试验数据都公布出去，让消费者自己看一下它有多先进。"

有的专家说："用数据说话，显得过于死板，我们可以召开一个记者会，当场为大家演示一下抗震试验，这样可以让人们直观地看到这种新型房屋有多坚固。"

听到大家的建议，董事长说："只要可以证明我们的房屋非常坚固，这些方法都可以尝试，那就两方面着手，数据也要推向市场，记者会也要赶紧召开。"

建议被采纳之后，公司很快就开始施行，他们在记者会上进行了现场试验，让记者们看到用这种新的建筑方式建造的房屋绝对可以让人们放心居住。杂志报纸上也刊登了房屋抗震抗压的试验数据，足以说明房屋的坚固程度。可是当他们满怀信心地等待着人们蜂拥而至时，却又一次失望了，新型房屋还是遭到了冷遇，人们对它依旧没有产生多大的兴趣。

董事长和工程师以及专家们正在束手无策之时，有一个广告公司忽然登门拜访，并且保证说："把这个难题交给我们吧，我们只需要用一幅画就可以让您的房屋受到大家的欢迎。"

董事长不以为然地说："我们有精确的数据，也有生动的现场演示，这都无法说服消费者，你们想用一幅画就打动他们，这未免太异想天开了吧！"

可是这家广告公司的业务员却胸有成竹地说："先生，请您不要小看我们。不然这样好了，我们可以签订一个合同，如果我们的广告推广没有产生作用，仍然打不开您房子的销路，那广告费我们分文不取。"

董事长见他这么有自信，打量他两眼，说："那你们岂不是要亏本了？如果可以打开销路，让人们认识到新型房屋的好处，我会加倍支付你们广告费。"

业务员与董事长双手一握，笑着说："好，那我们就这么说定了。"

合约签订之后，广告公司很快就对"预铸房屋"展开了研究，了解这种新方法的优势，并让公司最优秀的广告专家开始设计广告画。建筑公司看到他们每天忙忙碌碌只为了画一张画，心里很是不屑，他们认为想要通过一幅给小孩子看的画来改变人们的印象，似乎有些太天真了，一定不会产生什么效果。

"反正只要没有产生好的反响，我们就不用支付广告费，"董事长对工程师们说，"所以就让他们忙去吧，我倒想看看这些人能出什么怪招。"

很快，广告画就被画好了，并投放在各个杂志、报纸以及街道广告牌上。在广告出现一周之后，董事长惊奇地发现来询问房屋的人越来越多了，而且成交量也在迅速上升，市场形势出人意料地好了起来，这让大家都感到非常惊奇。"预铸房屋"以惊人的速度开始变得畅销，为了应付抢购热潮，公司不得不加紧开发的步伐。

那么，究竟是多么神奇的一幅画，可以让人们产生这么大的反应呢？董事长再一次端详着那副广告画：只不过是一只大象站在"预铸房屋"的房顶上而已。他好奇地问广告公司的设计师："为什么这幅画会有这么神奇的作用？甚至超过了我们的记者会和试验数据？"

设计师说："您所推出的数据并不能给人们安全感，他们看到的只是一堆枯燥的数字而已。在普通人的心目之中，大象是非常重的，如果屋顶足以承载一头大象，那这房屋的坚固程度便是不可置疑的。数据是可以随便填写的，也可以造假，但大象很重的事实早就印刻在人们的意识之中了，所以让大象站在屋顶上，就会有很强的说服力，就足以让人们相信房屋很坚固。"

董事长问："你是怎么想到这个好办法的呢？"

设计师笑着说："我只是利用了人们的心理作用而已。"

对此，董事长深感佩服，立刻按照契约规定支付了双倍的广告费。

≪ ＜ 财富敲门声 ＞ ≫

智慧取得了"四两拨千斤"的效果，同时为广告公司与建筑公司带来了财富。

利用人们的常识来说明新房屋的优点，省去了大篇幅枯燥的数据介绍和复杂的试验展示，却取得了最直接的效果。对于生产厂家来说，他们都希望自己的产品供不应求；但对于消费者来说，在新事物面前总是持有怀疑的态度，不敢轻易相信这些新产品。然而这样的矛盾，只用一幅画就轻而易举地解决了。这就是人们思考的结果。

为了达到相同的目的，人们尝试了各种不同的方法，而最终的结果证明：一味地使用蛮力并不能解决问题，发挥巧思妙想却可以取得事半功倍的效果。快快使用你的智慧吧，不要让它再沉睡下去了。

发现财富的眼光

我们身边并不缺少财富，而是缺少发现财富的眼光。

出生在贫民窟之中的狄奥力·菲勒从小和其他孩子一样，顽皮又爱逃学，总是喜欢争强好胜。也许在这些方面，他和别的贫民区孩子并没有什么不同，可是很快，他就显露出了自己独有的特点。

菲勒还在上小学的时候，他善于发现财富的天赋就开始显露了，似乎这个孩子天生就在这方面有着超乎常人的才能。他把在街上捡来的坏玩具车仔细地修理之后让它恢复正常使用，贫民区的孩子从来都没有玩过这种车，于是狄奥力·菲勒就将它拿来出租，每个孩子骑着车子出去玩一圈就要交纳半美分的费用。低廉的收费并没有妨碍到菲勒的收成，他居然在很短的时间内就赚足了一辆新车的钱！

菲勒的老师听说了这件事，并没有责怪他，反而对他的这种想法大加赞赏，可是他又很惋惜地对菲勒说："孩子，如果你出生在一个富裕的家庭，也许凭借着这种对财富独一无二的智慧，你会成为出色的大商人。但现在对你来说，这一切都不可能了，你能够成为一个不错的街头商贩就已经很好了。"

对此，狄奥力·菲勒并没有说什么，他只是坚持去做自己用独特眼光发现的事，开始改善全家人的生活。中学毕业之后，菲勒就离开了学校，他找不到别的工作，只能走上街头去做一名商贩，这一切似乎都在老师的预言之中。菲勒出售过电池、小五金、柠檬水等等，每一个商品都被他经营得得心应手，受到了消费者的欢迎。和那些居住在贫民区里的伙伴相比，此时的菲勒已经积攒了不少的钱，也算得上是非常优秀了。

可这一生真的只能像老师所说的那样做一个小商贩吗？菲勒对自己说："不，不会的。我有智慧，所以我必须去做更多的事。"而他果然没有辜负自己。

让菲勒从一个小贩一跃成为真正商人的是一堆丝绸。那是来自日本的一艘货运船上的货物，足足有一吨重。这么多的丝绸本来可以有很大的市场，但因为在运输过程之中遭遇了风暴，丝绸被染料浸染，顿时身价大跌。如何处理这些货物呢？想要低价处理，却又无人问津，想要运出港口扔进垃圾堆，恐怕又会遭到环境部门的惩罚。无奈的日本商人只好打算将这批昂贵的货物都丢进大海里。

命运总是青睐有准备的人，当狄奥力·菲勒某一个晚上去港口的地下酒吧喝酒时，恰好遇到了这几位日本海员在酒吧讨论此事，他们对这些丝绸都感到非常头疼。原本醉醺醺的菲勒听到这些话，猛然间清醒了，他觉得自己的机会来了，他立刻去拜访了船长。

"听说您有一批丝绸不知道如何处理？"菲勒非常友好地说，"我可以帮您这个忙，让您不费任何力气就能达成心愿。"

船长闻听此言感到非常高兴。于是菲勒没有付出任何代价，便轻松地拥有了这批货物。虽然它们被染料浸透了，可不得不说依旧是上好的布料。

拿到这批货之后，菲勒并没有真的将它们丢弃，而是请人将这批布料作成了迷彩服装，利用布料五颜六色的特点，让不经意的浸染变成了刻意的设计。这个系列的迷彩衣、迷彩领带和迷彩帽子深受消费者的欢迎。几乎是一夜之间，狄奥力·菲勒就利用这些丝绸拥有了十万美元的收入。

此时的狄奥力·菲勒已经成为一名有实力的商人，对于一个从贫民窟之中走出来的孩子来说，十万美元已经足以令他以此为傲了，但他并没有满足于此，而是不断寻找着新的机会，他的财富智慧仍在不断发挥着作用。

有一次，菲勒去郊外游玩，看到有一块空地正在出售，由于价格有点高、地方又偏僻，所以无人问津。菲勒仔细观察之后，很快就拍板要买下这块土地。当他把十万美元交给地皮的主人时，大家都在心里嘲笑这个傻瓜："真是愚蠢啊，这么偏远的地段，只有傻子才会接受十万美元这么高的地价。"

但令人意想不到的事情又发生了，在一年之后，市政府要建造郊外的环城公路，正好经过了狄奥力·菲勒所购买的这块地皮。原本无人问津的土地瞬时就涨了一百多倍。城里的一位地产富豪也找到菲勒，希望可以用两千万美元来购买他的地皮，他想在这里建造一个别墅群。这种从天而降的好机会，菲勒却笑着拒绝了，他说："我觉得它应该值更多的钱，我还想再等等。"

虽然人们依然在嘲笑狄奥力·菲勒错过机遇，可他却还是那么有自信，果然不出他所料，三年之后，菲勒用两千五百万美元将这块地出售了，并一跃成为富翁之中的新贵。贫民区出身的狄奥力·菲勒从此成为上流社会的常客。

对菲勒屡次都可以准确把握机会，大家都感到又佩服又疑惑。地皮出售后，房地产商人都认为他和市政府的高级官员有来往，才能得到那个内幕消息。但经过一番调查之后，他们发现菲勒并没有任何一个在市政府任职的朋友，他凭借的完全是自己敏锐的观察和决断，这个人似乎天生就具有这样的智慧。

凭借着对财富非同一般的敏锐发掘力，菲勒的一生之中积累了很多财富，到77岁逝世之前，他还让自己的秘书在报纸上发布了一个消息：狄奥力·菲勒即将要去天堂，愿意给逝去的亲人捎个口信的话，只需要支付一百美元，他就可以帮您这个忙。这个看似荒唐的消息，引来了很多读者的好奇，而出于对逝去亲人的怀念，居然真的有数百人支付钱给菲勒，让他"带口信"。这个举动让菲勒赚到了十万美元，如果他能在床上再多坚持几天，有可能会赚得更多。

菲勒终于离开了这个世界，但就算最后的遗嘱也让他赚了一笔。在他去世之后，秘书按照他的遗书再次刊登广告：狄奥力·菲勒是一个绅士，愿意和一位有教养的女士共用一个墓穴。一位贵妇看到这个广告之后，出资五万美元，与菲勒一起长眠。

每一年都有很多人去世，但像狄奥力·菲勒一样可以通过去世赚到这么多钱的人，似乎并没有。他的一生之中都充满了商业精神，运用自己的财富智慧改变了自己的人生。如果真的要解开菲勒的财富之谜，那么他的墓碑上刻的一句话会对你有所帮助："我们身边并不缺少财富，而是缺少发现财富的眼光。"

≪ ◀ 财富敲门声 ▶ ≫

成功者都有一个共同的特点：他们都具备发现财富的智慧。这种智慧帮助人们在不同境遇之中找到别人未曾发觉的财富，就像狄奥力·菲勒一样纵使出身在贫民窟也不能阻挡他成为一个千万富翁。

每一个人都会有自己特有的机遇，这与生存环境、技能等息息相关，不同的环境和技能给人不同的机会。不要再抱怨自己没有别人那样的好机会，生活是公平的，只要启动你大脑之中发掘财富的智慧，就一定能感受到它的存在，而在你浪费时间抱怨的时候，已经有很多机会从你的眼皮底下溜走了。

一美元建造商业帝国

福特是一个有耐心的人，他一直都在培养顾客的信任，等到顾客足够信任他的时候，也就是他获得成功的时刻。这种耐心，就是智慧。

在美国萨克托门多市长大的福特是一个穷苦青年，他从小到大所能做的事情，就只是去帮别人做工，从来就没有自己的事业。但福特是一个不安守现状的人，他热切地期盼着改变自己的生活，在打零工的过程之中，他省吃俭用，终于攒到了一笔钱。这笔钱虽然不是很多，但对福特来说却来之不易，他希望可以利用它作为自己事业起步的资金。

如何很好地利用这笔钱，是关系到福特能否成功的关键。他虽然长期漂泊度日，但却没有想过用它置办房产，而用这笔钱来创办企业，似乎也远远不够。福特聪明的大脑开始飞速运转，他决定寻找适合自己的方式，在经过长期的观察和分析之后，他终于找到了一个巧妙的创业机会。

福特对当时超市的主要购物群体——家庭妇女进行了分析，在了解了她们的购物习惯之后，他决定创办一个前所未有的购物平台。福特首先在一家一流的妇女杂志上刊登了广告，由于这家杂志在妇女之中很有知名度，所以他的信息很快就传达了出去：人们只需要一美元，就可以选购很多东西。这个诱人的广告让大家都开始仔细观看福特所提供的商品名录，那上面刊载的很多东西固然都是一美元左右的价格，但还有很多是高于一美元的东西仅需一美元就可以买到。

福特列举的商品都是实用而优质的，可事实上他并没有拥有这些东西，当人们看到他的广告之后，很快就打电话、汇款，希望可以订购，此时他才去和厂家商议拿到了这批货物。这种方式让福特没有投入一分钱，就将货物倒卖了出去。

而福特的朋友们却对此不屑一顾，有人劝告他："福特，你这样是赚不到钱的，一美元的商品，你都是按照一美元去销售；两美元的商品，在你的广告之中也可以月一美元买走。这样一来，你做的生意越多，赔的钱就越多，这又是何必呢？"更有一些人说："就算你会在这里赚钱，可一件东西只有一美元，你的利润又能有多少呢？"

对这些疑问，福特总是笑而不答，因为他的构想并没有停止在这里，他已经开始筹划自己的第二步了。

在"一美元"广告之后，福特的商品打开了销路，获得了家庭主妇们的肯定。这些货物虽然价格低廉，但品质很不错，迎合了消费者希望物美价廉、实用方便的心理，预订费开始源源不断地流向福特的银行账户。当预订费积累到足够额度时，福特开始向有品质保证的厂家大批量订购商品，并按照约定的时间按时寄发给顾客。

收到商品的人越多，福特的名气就越大，人们对于福特商品的品质非常信任，所以对于福特之后寄来的商品名录也会仔细阅读，看自己还有哪些所需。

福特第二次寄给顾客的商品名录不再是"全场一美元"的低廉商品了，这些商品的价格都在 2 美元到 100 美元之间，虽然价格提高了，可由于信任度的提高，顾客们在购买的时候也总是会首先选择福特的商品。

福特不仅提供名牌厂商的产品，而且还会附上订货单，方便顾客填写订购，其中空白的汇款单更为顾客提供了方便，促使她们在阅读商品列表时可以即刻填写，并不会因为时间耽搁而忘记自己所要购买的东西。

汇款单就像雪片一样不断朝福特飞来，他的生意也越做越大。朋友们开始改变他们的看法，原来那个"愚蠢的做法"现在变成了"聪明的方法"。有人说："福特这么做太聪明了，他先是赢得了顾客的信任，又让她们的邮购变得轻松简单，这样一来，所有的顾客都会变成长期购买的消费者，也会一直保证福特的收入不断增加，我们怎么就没想到呢？"而原来讥讽过他的商人，也都纷纷表示钦佩："如果大家都像福特一样做生意，讲究诚信，让顾客完全信任，相信商业的环境会越来越好。"

对于自己的成功，福特说："我从来都没有想过要一步登天，更不敢想自己会一夜暴富，因为我知道成功到来的脚步都非常慢，需要我们走好每一步。因此我的计划都是长线，我会慢慢地接近自己的目标。也许别人会觉得我太慢了，但我不介意等待，因为这是必须的。"对此，商业杂志评价说："福特是一个有耐心的人，他一直都在培养顾客的信任，等到顾客足够信任他的时候，也就是他获得成功的时刻。这种耐心，就是智慧。"

从让人称心如意又物美价廉的"一美元"商品，到后来的邮寄商品列表服务，福特不急不躁地做着自己的生意，虽然大家都知道他是怎么做的，可没有人能够模仿复制他。第一笔生意固然没有赚到钱，甚至是赔了钱，可是第二笔、第三笔生意中，福特的利润开始源源不断地到来，他正是依靠后面所赚的钱来填补之前的亏损。由于后期的生意越做越大，让福特在没有投入多少资金的情况下，便获得了越来越多的赢利。

1974年，福特建立了自己的邮购百货集团，每年公司的销售额都能达到惊人的五千万美元。用"一美元"来赚取一个商业帝国，这需要极大的智慧，而福特却做到了。

◀◀ 财富敲门声 ▶▶

在商业大潮中可以站立潮头的人物，都会有自己独特的经营理念，对于福特来说，信任就是他获得成功的最大基石。

获得消费者的信任比急功近利地赚钱更宝贵，福特的智慧帮助他领悟到了这其中的道理。一美元商品虽然不会为他带来多大的利润，可通过一件小商品却让消费者认识了福特，他的商品虽然低廉但却有良好的品质，这样建立起来的信任远不止一美元。

在获得信任之后，再逐步打开市场，就变成了一件非常容易的事，一美元建造的商业帝国正是这样崛起的。

智慧的光辉照耀着生活的每个角落，当人们为自己树立了目标时，智慧可以帮助你耐心地接近目标，实现自己的理想。而失去智慧，则只能让人变得焦躁，离目标越来越远。

逆向提价的智慧

我不敢肯定自己提价之后会不会有人来购买，不过我相信只有冒险一试才能找到出路。

作为一名商人，在保罗·道弥尔的一生之中总是充满了冒险精神，早在他作为一家美国公司的销售员时，便已经显露出不愿意与众人雷同的特质，他总是独辟蹊径，找到有别于他人的推销方法，所以业绩一直都很突出。

在经历了多年的销售磨炼之后，保罗·道弥尔决定开创自己的一番事业，他与合伙人一起收购了一家即将倒闭的工厂，并且担负起了开拓市场的重任。这家工艺品生产厂商由于市场竞争过大而濒临倒闭，保罗·道弥尔接手之后，他吃住都在厂里，时刻都在思索着怎么为厂子找到出路，如何开辟出新的财路来。

最后，保罗·道弥尔提出了一个策略，对厂里所有的产品都进行提价。但他的合伙人对此却非常反对。

合伙人说："现在市场这么不景气，我们降价销售都不一定有人愿意购买，要是提价，肯定更没有人愿意买了。如果这样的话，厂子只会更快地倒闭，不会有任何前途。"

而保罗·道弥尔却说："并不是这样的，虽然降价可以吸引人们的注意，却并不一定会促成购买。减价销售是薄利多销，而提价销售虽然降低了销售量，但会增加利润。"

合伙人还是很不乐观地说："反其道而行之，看起来有些标新立异，但要付出的代价太大了。会使我们的生意危在旦夕，我不能让你为了表现自己而冒这个险。"

为了说服保罗放弃这种想法，合伙人联合起来抵制他，不允许保罗作出商品价格的改变，一批批的货物因为滞销而堆积在工厂的仓库里，眼看着生产线马上就要瘫痪了。而保罗只能不断去游说公司的其他人员，工人和销售人员根据以往的经验，都不能接受他的提议。

"原本就滞销的产品，忽然提价销售，换做是你，也不会去购买吧？"一个工人说，"减价虽然让我们的效益慢慢失去，但提价却是让工厂立刻倒闭的做法。"

在厂里工作很多年的工人都不理解保罗，他们纷纷表示这种利润高出成本好几倍的做法，只能是自寻死路。而保罗的妻子也对他说："薄利多销可以帮助你尽快站立起来，我们要先站稳脚跟，再开始提价，消费者才可能接受。"

可是，保罗·道弥尔坚持自己的观点，他召集了厂里资深的销售人员，告诉他们自己的经验和想法："减价和提价，各有它们的优势，具体怎么操作需要根据我们的产品和市场特点来决定。"

"那么，您认为现在的消费者手里的钱都很多，所以很需要我们提价吗？"有销售人员讥讽地问，引来了大家的哄堂大笑。

很显然，几乎没有人支持保罗·道弥尔的策略，而他却一直坚持着说："是否提价要针对我们销售的产品而言，只要我们的产品值得提价，并且购买的对象可以承受提价之后的价格，就可以将我们的产品放到高档消费环境之中，在综合了天时、地利、人和的因素之后，一定可以出奇制胜。"

合伙人问："那我们现在有天时、地利、人和的条件吗？"

保罗说："我们所生产的是工艺品，人们对于它的制作和成本并不了解。只要我们能够将它制作得惊奇美观，它的价格就不能和普通的商品相比较。这是天时与地利，在人的方面需要注意的是：购买工艺品的人，都是属于富裕阶层或者有急需的人，他们不会嫌价格过高的。与此相反，他们会认为工艺品的价格与购买者的身价成正比，只有购买更昂贵的东西，才能彰显出主人的高贵身份。"

这一番论断似乎有一定的道理，此前不断尝试的降价策略没能对厂子有多少帮助，所以对提价策略进行尝试看来也未为不可。在这种想法的引导之下，合伙人点头同意了保罗·道弥尔的安排，对所有的产品都进行了提价。

重新定价之后的工艺品投放市场之后，很快就获得了不错的反响。保罗·道弥尔所选择的销售地点，都位于高档商场之中，来这里购买商品的人非富即贵，他们更关注产品的品质，对于价格似乎根本不放在心上。与保罗对他们的消费心理的推测一样，越是昂贵的东西，这些人越觉得与自己的身份相匹配，反而会促使他们购买。经此一变，工厂的效益反而变好了。

原来持有反对意见的人忙向保罗·道弥尔请教："您怎么敢在如此萎靡的市场之中出这种招数呢？难道你知道提价之后反而会有人买？"

保罗·道弥尔说："我不敢肯定自己提价之后会不会有人来购买，不过我相信只有冒险一试才能找到出路。否则只会在原有的市场空间被人抢走之后，工厂关门倒闭了。"

事实证明保罗·道弥尔的做法完全正确，虽然有一点冒险，但在准确把握消费心理的基础上，运用适当的策略迎合了顾客的需求，让这座濒临关闭的工厂又一次起死回生，并为保罗与他的合伙人带来了丰厚的经济效益。保罗也凭借着自己与众不同的思维方式，走上了成功企业家的道路。

❮ ❮ 财富敲门声 ❯ ❯

反其道而行，是智慧的表现。

敢于逆市而为的人，往往被视为冒险派，他们的行为似乎超出了常人的理解范围。正是因为冒险一试，才让困局中的人有了一线生机，如果只是固执地墨守成规，使用原来的策略，只是浪费智慧，等待死期临近。

保罗·道弥尔之所以敢于去冒险，是因为他有周密的论证和分析，通过他的观察，找出了一个引导大家走出困局的办法。不管是冒险精神，还是坚持自己的看法的精神，都蕴藏着保罗·道弥尔的智慧在其中。没有智慧的人看不到那条危险的道路，也不能坚持自己选择的道路，更别提在这条道路上走出一片新天地了。

与其说冒险为保罗·道弥尔带来了财富，还不如说智慧让他有了冒险的力量更为准确。

一则新闻带来的财富

这一次墨西哥的瘟疫对于我们也许是一场灾难，也许是一次机遇，就看怎么去把握它了。

在一个普通的下午，一家美国报纸刊登了一则关于邻国墨西哥的消息：在墨西哥发现了一种疑似瘟疫的病例，如果这种瘟疫爆发的话，会严重影响家禽家畜的养殖。

这则只有几十个字的短讯没能引起广大美国读者的注意，因为墨西哥毕竟离他们的生活很遥远，所以他们只是随意翻阅之后评论了几句，有人会说："如果瘟疫流行起来，墨西哥人又要倒霉了。"也有人说："我们真幸运，美国没有出现这种瘟疫。"而大部分的人只是随看随忘，根本没有想到自己的邻国发生的事情会对自己有什么影响。

但是这一切在菲力普·亚默尔的眼里却非同寻常，他经营着一家肉食加工厂，这条只有几十个字的短讯如同丢下了一颗炸弹，让亚默尔弹跳了起来。当然，他不是因为担心墨西哥人，而是因为兴奋。他的妻子不解地问："你怎么了？遥远的墨西哥与你有什么关系吗？"

亚默尔兴奋地说："当然和我有关系，我借以养活全家的肉食加工厂和墨西哥的这场瘟疫会有巨大的联系。"

亚默尔的妻子说："我们的加工厂不在加利福尼亚州，也不在得克萨斯州。要知道只有这两个州才是和墨西哥接壤的，我们离墨西哥太远，瘟疫不会传到这里来的，你就放心吧。"

　　而亚默尔却笑着说："你错了，亲爱的，我们虽然没有靠近墨西哥，但你刚刚提到的加利福尼亚州和得克萨斯州却是肉制品的主要供应基地，难道你忘了吗？像你所说的一样，如果瘟疫传到了加利福尼亚或者得克萨斯任何一个地方，你想会有什么样的后果？"

　　"肉价会上涨吗？"亚默尔的妻子似乎开始逐渐明白，但她又问："肉价上涨后，我们的生意会更难做，这值得你高兴吗？"

　　亚默尔一边准备和下属联络一边说："瘟疫会让肉价涨起来，也会影响到我的生意，这没错。可如果我现在已经知道肉价会涨，情况就不一样了。"

　　亚默尔很快和自己的下属亨利商议了这件事，他说："这一次墨西哥的瘟疫对于我们也许是一场灾难，也许是一次机遇，就看怎么去把握它了。"

　　亨利对于他的想法也有些不解地问："墨西哥的瘟疫和我们有什么关系呢？难道要开辟海外市场？"

　　亚默尔把自己和妻子所作的分析又讲了一遍："如果我们能够抓住先机，在瘟疫进入美国之前就作好准备，这样就可以在肉类涨价之前做到有备无患，而一旦肉类涨价，我们就会将灾难变成机遇。"

　　亨利马上提出新的疑问："这么做很冒险，现在报纸只是刊登了一条短讯而已，要是瘟疫没有蔓延，肉价没有上涨，岂不是白忙一场？而且投入太多资金，对于公司也会产生不利影响。"

　　亚默尔点点头，说："你说得对，我们要先考察一下具体的情况。你先去墨西哥走一趟，看看那里的疫情发展到了什么程度，有无可能朝美国边境蔓延，如果有这个可能就要立刻开始行动了。"

　　亨利很快搭乘飞机前往墨西哥进行实地考察，了解当地的瘟疫情况。当他到达时，发现当地的疫情已经超出了报纸所报道的程度，开始大范围蔓延，他立刻打电话将情况汇报给了亚默尔。

　　既然已经确定了墨西哥的瘟疫在蔓延，那么它会影响到加利福尼亚州和得克萨斯州就是必然的趋势了，而这两个地方的肉制品供应也会受到影响。想到这些，亚默尔果断地决定立刻集中公司全部的人力、物力，去加利福尼亚州和得克萨斯州购买大量牛肉和生猪。要知道美国人的生活是离不开这两种肉的，亚默尔将这些肉全部运到美国东部，进行加工储藏，为公司的肉制品准备了丰富的原材料。

这一举动一旦失败，就会为公司带来极大的亏损。而亨利在墨西哥时刻追踪着瘟疫的发展情况，给了亚默尔很大的信心，他认为大力扩展肉食生意的机遇已经来了。果不其然，墨西哥的瘟疫很快蔓延到美国边境的几个州，为了防止疫情进一步扩散，美国政府下令：严禁一切食品从这几个州运出去，当然也包括活牛、生猪制品在内。这一措施导致美国市场上肉制品奇缺，价格也随之暴涨。

亚默尔看到市场对于肉制品的需求越来越大，便适时地拿出自己所储存的货源。亚默尔食品公司有备无患地迎接了此次大涨价，制造了大量商品投入市场之中，短短几个月之内净赚了900万美元，一时之间亚默尔公司所生产的肉制品成了人人喜爱的产品。

当灾情开始蔓延的时候，其他的肉制品制造商才开始准备应对肉价飞涨的局面，而此时的亚默尔却悠闲有序地继续进行着生产，并从中获利无数。当初出现在报纸缝隙中的一条简单的消息，很多人都没有注意到，而亚默尔却敏锐地发现了它与自己的联系，并且掌握了机会，成为这次瘟疫的受益者。他所凭借的，并不是内幕消息，因为这条消息大家都看到了。亚默尔之所以可以获得成功，正是因为他智慧的大脑为他带来了如此多的财富。

《《 财富敲门声 》》

人们常常说：机会俯拾皆是，但同时它也会稍纵即逝。那些慨叹生活没有给他机会的人，其实只是对机遇视而不见，眼睁睁看着别人可以抓紧机遇获得成功，自己却唯留遗憾。

　　在报纸上一闪而过的消息，对于有心人来说就是一道福音，亚默尔正是这样的有心人，他的聪慧让他注意到看似遥远的事与自己的关系，并发现了其中存在的机遇，获得了财富的馈赠，这是生活对智慧的奖赏。

　　要想发现机会并掌握它，要有敏锐的眼睛和智慧的大脑，所有正确的决策都是建立在智慧基础上的，有了冷静的分析，才不会让决定变得荒谬，才能保证顺利获得最后的成功。

股神的童年

生活似乎处处都在给他提供很好的机会，纵使他只是一个小孩，却已经显露出非同一般的"财商"。

享誉世界的股神沃伦·巴菲特毫无疑问是一个具有超凡智慧的人。他能在股市大潮之中成为弄潮儿，必然具备不一般的才智。能够获得今天的成就，沃伦·巴菲特并不是一蹴而就的，他从小就表现出的智慧足以说明成功的获得都要经过漫长的积累过程。

1930 年出生于美国西部一个叫做奥马哈小城的沃伦·巴菲特，带给家庭的不仅有欢乐，还有无限的忧愁，因为他来到这个世界的时候，正是这个家庭最为贫困的时候。巴菲特的父亲霍华德·巴菲特是一个小商人，当他看到股市的繁荣之后，奋不顾身地投入了全部的资产炒股，谁知道却血本无归，使他成了一个一文不名的穷光蛋。为了节省家庭开支，巴菲特的母亲连教堂朋友的聚会都不能去参加，因为那需要带咖啡，而她想要用咖啡钱给自己的孩子买面包。所以巴菲特是在贫困的环境之中慢慢长大的，拮据的家庭经济没能给他带来丰富的物质享受，但却带给他在生活之中寻找财富的智慧。

巴菲特似乎在数字方面很有天赋，他从小就热衷于研究数字，他觉得数字很有趣，并且也具有快速记忆数字的特殊能力。在小时候的游戏之中，巴菲特最热衷的就是和伙伴们走在街头，去背诵来来往往的汽车车牌号，那些毫无规律的数字在他的眼里似乎变得非常特殊，令他过目不忘。

　　除了背诵车牌号，巴菲特还有一个娱乐项目就是背诵城市人口数。当夜幕降临时，他不能再在外面看汽车车牌了，便回家和朋友们互相比赛，有一个人报出城市的名字，而巴菲特总能在第一时间说出这个城市的人口。这个游戏在外人看来如此枯燥，可小巴菲特却乐此不疲。

　　当巴菲特慢慢长大，整天背诵数字已经不能让他满足了，拮据的家庭促使他过早地走上了为生计奔波的道路。但巴菲特并没有因此而感到委屈，能够分担家庭重任是一件让他感到非常快乐的事。在他五岁的时候，巴菲特就对爸爸说："我想去外面摆摊赚钱。"

　　他的父亲感到非常惊奇，问："我的孩子，你只有五岁，你能做什么呢？"

　　巴菲特骄傲地说："我可以出售口香糖。"

　　父亲对于他的想法感到又骄傲又惭愧，便问巴菲特："你是怎么想到要去卖口香糖的呢？"

　　巴菲特骄傲地说："我看到隔壁的哥哥每天都去卖，我想我也可以做到，请您允许我去吧。"

　　作为一个实践训练，也是为了贴补家用，巴菲特的父亲并没有阻拦，而是帮他购置了一批口香糖，让他在家门口的街道边开始摆摊，这可能是股神所做的第一次生意。

　　经过了一段时间的口香糖销售之后，巴菲特觉得卖柠檬水的生意似乎更好一些，所以他迅速地转换了"经营项目"，开始出售柠檬水。在自家门口兜售固然是安全的，可人流量毕竟少一些，为了卖出更多的柠檬水，他的"经营范围"也开始扩展，从家门口走到了闹市区。

　　逐渐长大的巴菲特不再只是模仿别人出售商品，他有了自己的分析能力，通过观察人们的喜好不断改变着出售的货物。在九岁时，巴菲特便经常去加油站的门口，他仔细地观察计算着苏打水机器里出来的瓶盖数，有时候还会捡走这些瓶盖，将它们藏在地下室里。他的这些行为并不是在玩耍，而是他想通过统计瓶盖来分析人们最喜欢喝什么饮料，在了解到某种饮料的销量最好之后，他便会迅速地改变方向，去兜售这种最有市场的产品。

虽然每天巴菲特都从祖父的食品店购买苏打水挨家挨户地去叫卖，早晨还要发放 500 份报纸，他并非每天只沉浸在这些枯燥的体力劳动中，还不断利用灵活的头脑来分析调整自己。当他十岁的时候，每个月已经可以挣到 175 美元了，小小的巴菲特已经成了家庭收入中的一小股力量，他将自己赚到的这些钱都储存起来，虽然不多，可他认为将来一定可以派上用场。

股神最早接触股票也是在他十岁的时候，他像一个成年人一样阅读股票书籍，掌握股票的涨跌规律。当他十一岁的时候，决定要购进人生中第一只股票。沃伦·巴菲特的第一只股票以每股 38 美元的价格购进，等到股票升值到 40 美元时，他便立刻抛出，除掉手续费，他得到了一点点的利润，这让巴菲特兴奋不已。

对于十几岁的孩子来说，对股票的分析掌控力并不足，所以巴菲特也深知自己的能力还不足以进军股市，况且他也缺少必要的资金。当他十四岁的时候，巴菲特已经有 1200 美元的积蓄了，他思索了一番之后，用这笔钱在一个叫做内布拉斯加的地方买了 40 英亩农田，转手把地租给了农田承包人，这样他就可以每年收取一定的租金了。

有了 40 英亩农田作为固定资产之后，他又开始寻找其他机会，当他发现被人们遗弃的高尔夫球中有一些还可以用时，便很快找伙伴们去捡球。他将这些球按照品牌和价格区分后，送给邻居们去卖，再从邻居出卖高尔夫球的收益中得到提成。

在巴菲特的身边，似乎总是存在着很多让他赚钱的机会。当他在读高年级时，某一次走进理发店，发现等待理发的人很多，大家都在百无聊赖地排队，在人群之中的巴菲特并不是像别人一样懒洋洋地等待，而是发现了新的机会。回家之后他找到好朋友，将坏掉的弹子机修好后送到理发店，让人们在等待的过程之中可以玩弹子机。由于他的机器收费低廉，所以很多人在等待理发的过程之中都会去玩两把，而巴菲特也将收益与店主分享，受到了理发店店主的欢迎。

这就是股神巴菲特的童年故事，生活似乎处处都在给他提供很好的机会，纵使他只是一个小孩，却已经显露出非同一般的"财商"，为他日后进入股市，成为在全球金融界呼风唤雨的大人物提供了最基础的素养。

≪ ◀ 财富敲门声 ▶ ≫

当一个人具备了敏锐发现机遇的眼睛时，寻找机会似乎就变得非常容易，生活处处都给他提示，让他可以抓住别人未曾注意到的机遇。

从某种程度上来看，巴菲特似乎从来没有去寻找赚钱的机会，而都是这些机会主动找到了他。可在他之前，有多少人买过柠檬水、高尔夫球，有多少人去理发店理发，为什么都没有注意到这里面所隐藏的商机呢？

股神与平凡人的差距原来只在这一线之间，只要多一点留心，多一点发现的眼光，多一点灵活的智慧，你也有机会成就非凡的事业。

战场上的可口可乐

在烈日当空的战场，为了国家的荣誉而挥汗如雨、执行军事任务的士兵们个个喉咙干得冒火，此时此刻他们最向往和最需要的，就是他们在家乡时经常能喝到的清爽的可口可乐。

可口可乐是全球知名的饮料品牌，这种红色的汽水几乎可以说是全世界年轻人最热爱的解暑饮品了。虽然在全球市场有如此高的占有率，但在起步之初它却也曾经遭遇过很大的压力，甚至差一点中途夭折。而让可口可乐走出困境的，却是二战时期的军人们。

在1941年日本偷袭珍珠港之后，美国也加入了第二次世界大战，国内经济由于受到了战争的影响而一度萧条。虽然与战争相关的工业获得了很大的发展机会，可是和军火无关的企业都濒临倒闭，这其中也包括了可口可乐公司，它的饮料销售量由于战争影响而减少了三分之一。如果销量再继续下滑下去，这个老牌的饮料企业就要走上绝境了。

想到企业所面临的困境，可口可乐董事长伍德鲁夫急得胃病都要复发了，他一边抚慰自己的胃，一边搜刮着自己大脑中的点子。当战争爆发的时候，受到牵连的是一个国家的每一个公民，所带来的害处也是每一个人都逃脱不掉的。

伍德鲁夫越想越发愁，正在此时，一个电话忽然打进他的办公室。他接起来一听，原来是自己的老同学班赛。战争爆发后，班赛作为菲律宾战区麦克阿瑟将军麾下的一名上校参谋去了前线，两个人很久都没有联络了，这一次接到他的电话当然感到非常高兴。两个人畅聊了国际国内的形势之后，伍德鲁夫得知班赛在部队得到了很好的提升机会，现在正是大展宏图的时候，他不由得发牢骚说："在战争时代，你们军人都是宠儿，可以叱咤风云，有无数的机会在你们面前。而我却只能躺在病床上，忍受痛苦。"

班赛见老同学这么颓废，笑着问："你不是一向都意气风发不肯服输吗？这一次是怎么了，居然可以让你情绪这么低落。"

伍德鲁夫苦笑了一下说："因为爆发了战争，我的企业受到了很大的影响，估计不久之后就要面临破产的危险了。也许等你成了将军，我早已身无分文了。想到这些，我的胃疼和头疼就一起发作啊！"

而班赛却大笑着说："不会的，我的朋友，你那深红色的'药水'是医治一切疼痛的良药。说真的，我在菲律宾最想念的不是你，而是你的可口可乐。在这儿的小岛丛林里闷热得要命，士兵们仿佛什么都不想，最想的就是它了。你现在头疼我不管，只是希望你能尽快把那红色的'药水'运到菲律宾去！"这一通电话如同一剂良药，让伍德鲁夫的头痛和胃痛都消失了，班赛所提到的士兵们对于可口可乐的渴望不就是拯救公司的一线生机吗？给前线的战士们送去可口可乐，让他们在干燥炎热的战场上可以消暑解渴，这是多么广阔的市场啊！

但是，又一个问题横亘在伍德鲁夫的面前，运送到前方战场的物资必须是国防部许可的战略物资。因为战争期间要运送的支援太多了，交通工具根本负担不过来，枪支弹药和可口可乐比起来，显然更加重要，因为那才是决定战争胜负的关键。所以伍德鲁夫所提出的送可口可乐到前线的请求很快就被无情地拒绝了。

要就此放弃吗？伍德鲁夫问自己，不！绝对不能放弃！他依然坚定着自己的想法，决定通过别的途径打动国防部，敲开他们的大门。

经过了一番深思熟虑之后，伍德鲁夫认为：需要这些可口可乐的战士都是最前线的人，而签署命令的则是国防部的高级官员，他们不知道战士的需求，既然这样，就让我来告诉他们战士们在想什么吧！于是，伍德鲁夫很快就起草了一份小册子，在册子的封面上他用军人家属的口吻写了一段话："在烈日当空的战场，为了国家的荣誉而挥汗如雨，执行军事任务的士兵们个个喉咙干得冒火，此时此刻他们最向往和最需要的，就是他们在家乡时经常能喝到的清爽的可口可乐。从这个意义上来说，可口可乐是战地生活的必需品，它和枪炮弹药、罐头面包一样重要！"

这份小册子在国防部召开的记者会上被广泛地发放到大家的手中，不仅军人家属和记者送给他热烈的掌声，国会议员也对此表示理解和支持。由于成功的宣传，国防部的大门终于被伍德鲁夫敲开了，一份新的声明宣布：不论在世界的任何一个角落，只要有美国士兵驻扎的地方，就务必让每个人都能用五美分的价格买到一瓶可口可乐。而这一供应计划所需要的设备和经费，全部都由国防部予以全力支持。

由于获得了这一特殊的渠道，可口可乐公司起死回生，开始了忙碌的工作。而到战争结束之时，作为"军需用品"的可口可乐消费了足足有50亿瓶之多。出现在战场上的可口可乐不仅受到了作战美军的欢迎，还得到了国外更大的市场。正是由于二战的推销作用，才让可口可乐出现在世界各地并畅销至今。

≪ ◀ 财富敲门声 ▶ ≫

在困境面前不低头的人，才能找到打破困局的办法，相同的条件之下，因为不同的做法可以让处境翻天覆地。

原本因为战争而差点倒闭的可口可乐公司，却又利用战争走上了腾飞的道路。正因为在困境之中发现了机会，才让可口可乐销量大增并从此走向全世界。

智慧不会改变我们的环境，也不会让人瞬间脱离困局，但智慧可以让你改换视角来观察这个世界，发现以前未曾注意到的道路，从而越过坎坷，走上成功的坦途。

第六章　友善的光芒

引言：

    人与人的相处需要和谐友善，社会的安定也需要和谐友善，如果一个人心中存在友善的光芒，他所看到的人和事都会是微笑的，他能宽容别人的过错，化敌为友，赢得别人的帮助和尊重。而若他的内心失去了友善的光芒，所见只会面目可憎，所为只会阴暗卑鄙，这样的人又怎么能获得幸福的生活，又怎么能被和谐的愉悦所包围？在你的内心之中种下友善的种子，与人为善、宽容友好，你一定会感受到沐浴阳光一样的温暖。

竞争的典范

我所创造的纪录终究有一天会被后起的新秀打破，但这种运动精神会永远流传下去。

在 1936 年的柏林，一场笼罩在纳粹阴云之下的奥运会开幕了，这一次的奥林匹克运动会有着和以往不同的气氛，因为希特勒想要通过世人瞩目的奥运会，证明雅利安人种的优越性。

带着这样的使命，德国跳远项目的王牌运动员鲁兹·朗被授意一定要打败当时田径赛场上最优秀的选手，这并不是为了国家荣誉，而是因为这名美国田径选手杰西·欧文斯是一个黑人。希特勒所持有的种族优越论要在奥运赛场上进行验证，他希图通过这种方式来向人们证明种族决定优劣的谬论。

黑人选手杰西·欧文斯来到柏林时，满眼看到报纸上刊载的将黑人驱逐出奥运赛场的文章，耳朵里也充斥着人们对黑人的歧视，但他还是顶住了压力准备参加比赛。身负使命的杰西·欧文斯要参加四项比赛，分别是100 米、200 米和 4×100 米接力赛，以及他最擅长的跳远。在当时的世界排名中，杰西·欧文斯有着绝对的优势，而跳远也是他的第一个比赛项目，能否获得好成绩关系到他之后的比赛能否顺利进行。

在跳远比赛开始之后，希特勒亲自来到现场观战，他想亲眼看到德国人的优秀代表鲁兹·朗打败他所歧视的黑人选手。而鲁兹·朗没有让他失望，顺利地进入了决赛，等待与杰西·欧文斯进行面对面的决战。

在巨大的心理压力之下，黑人选手杰西·欧文斯上场了，他只需要跳出不比自己最好成绩少过半米的成绩，就可以顺利进入决赛。可是第一次跳，杰西·欧文斯就因为逾越跳板而犯规；第二次跳，他为了确保自己不再犯规而从跳板后面起跳，谁知道竟跳出了从未有过的坏成绩。

杰西·欧文斯一次又一次地试跑，一次又一次地迟疑，他不敢轻易投入最后一跳，因为这一跳的成绩关系到他能否获得决赛资格。

看到这个黑人选手在巨大压力之下表现得如此慌乱，希特勒感到非常满意，他胜券在握一般退场离去。而在他退场的同时，有一个瘦削的、有着德国雅利安人种湛蓝眼睛的运动员走向杰西·欧文斯，并用生硬的英语向他介绍自己。其实他根本不用再多作介绍，庞大的宣传攻势已经让所有人都认识了他——德国运动员鲁兹·朗。

在鲁兹·朗所展露的微笑面前，紧张的杰西·欧文斯开始逐渐变得放松，他不知道自己的这个德国对手想要做什么。而鲁兹·朗却用结结巴巴的英语表明了自己的目的，他说："我的朋友，不要紧张，你现在最重要的不是跳出最好成绩，而是要获得决赛的资格。"

这个黑人运动员不敢相信自己的德国对手会在这个时候来安慰自己，鲁兹·朗的话让杰西·欧文斯觉得非常诧异，而鲁兹·朗却依旧笑着说："我去年也遇到过和你一样的情形，越是紧张就越跳不好，后来我发现了一个小诀窍，可以帮助你走出这个困扰。"

说着鲁兹·朗拿起杰西·欧文斯的毛巾放在了起跳板后面数英寸的地方，他告诉杰西·欧文斯："从这里起跳，你就不会差得太远。快试一试吧！"

带着半信半疑的神色，黑人运动员杰西·欧文斯开始了他的第三跳，他从鲁兹·朗所提示的位置开始起跳，果然没有犯规，成绩几乎要打破奥运纪录了。

在几天之后的决赛上，杰西·欧文斯又一次见到了鲁兹·朗这个既是对手又是朋友的人。他们在赛场上拼尽了全力努力比赛着，鲁兹·朗既是德国最优秀的运动员，又是在本土作战，表现出了超凡的实力，他率先突破了世界纪录。看台上的观众们都为他欢呼，而希特勒更加感到得意。谁知道还没高兴多久，后来者居上的黑人运动员杰西·欧文斯就以些微的优势超过了鲁兹·朗，成为新的世界纪录保持者。

这一结果的出现让大家无所适从，贵宾席上的希特勒铁青着脸，而看台上原本情绪高昂的观众也瞬间变得沉静。对于一个黑人运动员的胜利，众人不知道该不该欢呼，他们的首领所倡导的种族优越论似乎在这里受到了挑战。而在场中，德国人鲁兹·朗丝毫没有为自己刚刚创造的纪录被打破而感到气馁，他跑向杰西·欧文斯，把他拉到聚集了12万德国人的看台前面，举起他黝黑的手高声地喊着："杰西·欧文斯！杰西·欧文斯！杰西·欧文斯！"在经过了一阵沉默之后，看台上观众的热情被他点燃了，突然爆发出齐声的呼喊："杰西·欧文斯！杰西·欧文斯！杰西·欧文斯！"

这一场面让杰西·欧文斯备受感动，他举起自己的手表示感谢。等观众们终于安静下来，杰西·欧文斯高高举起鲁兹·朗的手，声嘶力竭地喊道："鲁兹·朗！鲁兹·朗！鲁兹·朗！"全场的观众被他们伟大的运动精神所感动，也同声回应着："鲁兹·朗！鲁兹·朗！鲁兹·朗！"

在柏林奥运赛场上，没有政治的诡谲，也没有种族的歧视，更没有狭隘的嫉妒，所有的选手和观众都沉浸在君子竞争的感动之中。黑人选手杰西·欧文斯在本次比赛之中创造出的8.06米的跳远纪录一直保持了24年，而他在那一次奥运会上共荣获了四枚金牌。

当杰西·欧文斯作为最优秀的运动员而被人铭记之时，鲁兹·朗也被载入史册。多年之后，杰西·欧文斯再一次回忆起那次比赛，依旧非常感动地说："是鲁兹·朗帮我赢得了金牌，他那充满关怀的人类之爱，是真正永不磨灭的运动精神。我所创造的纪录终究有一天会被后起的新秀打破，但这种运动精神会永远流传下去。"

≪ ≪ 友善敲门声 ≫ ≫

推动自己和他人前进的力量，推动民族和人类前进的力量，不只是竞争的力量，还有互助、友爱和善良的力量，这也是人性的光辉最闪耀的地方。

在社会竞争日趋激烈的今天，讲求公平、公正的竞争精神尤为重要。虽然同样是竞争，但它有建设性和破坏性之分，也有高尚与低劣的区别，当人们展开竞争时，不仅是实力的较量，更是人格的较量。

人人都可以在竞争之中拼尽全力，奋力博取最后的胜利，但在人格光辉的照耀之下，保证竞争的公平，与人为善的精神则显得更为可贵。

化敌为友

我要为昨天的错误向您道歉，如果您认为我们可以到此为止
和解的话，那么请您握住我的手，让我们交个朋友吧。

　　1754 年，美国还没有完全独立之时，在亚历山大里亚举行了一次弗
吉尼亚殖民地的议会选举，本着追求民主的精神，有很多候选人都参与了
本次选举，他们齐聚一堂进行激烈的辩论，每个人都企图通过展示自己的
才华而获得选民的支持。在这其中，有一个候选人尤其引人瞩目，他便是
后来成为美国总统的乔治·华盛顿。

　　当时作为驻军长官的华盛顿以上校的身份参与了本次选举。在选举进行
到后期时，候选者所剩无几，而竞争也更加激烈了，大多数人都对乔治·华
盛顿上校表示支持，希望他能成为当地的领袖。而有一名叫做威廉·宾的
议员却对华盛顿表示非常不屑，他坚决反对让华盛顿当选，当众放言："乔
治·华盛顿是一个有勇无谋的家伙，他不能胜任地方行政长官，如果他当选
了，那就是弗吉尼亚的不幸。"这种论调让华盛顿的支持者感到非常恼火。

　　威廉·宾时常和华盛顿针锋相对地辩论，他犀利的话语每次都让华盛
顿只剩招架之功，而无还手之力。当他问及华盛顿打算以什么样的政策保
证当地居民的安全时，华盛顿说："我会增加安保力量，必要的时候动用
军队人员来确保所有选民的安全，相信有了我大家一定会过得更加幸福。"

　　而威廉·宾却尖刻地说："作为一名上校，您不会不知道造成治安不
好的主要原因就是因为军人闹事吧，他们总是无事生非挑起事端，让大
家不胜其苦。现在你却说要用他们来确保我们的平安，这难道不是一个

笑话吗？”

　　这样的挑衅让华盛顿有些恼火，他带着怒气说：“军人的职责就是为国效力，他们之所以挑起事端，是因为有人先向他们挑衅。在你没有考察清楚之前，请不要用这些言论来混淆视听。”

　　威廉·宾丝毫不让步，他拿出自己收集的报纸，举例说明军人闹事的情况，让选民们对于华盛顿的话产生了怀疑。这让华盛顿感到非常愤怒，他大声地说：“我的部下不会做出违法的事，他们都是遵守纪律的战士，如果他们真的动手打人，也不会向良民下手，他们只会打像威廉·宾这样的败类而已！”

　　这句话一出口，所有的人都震惊了，原来有礼有节的乔治·华盛顿忽然说出这种话，让现场一下子变得安静了。而华盛顿因被一时的愤怒蒙蔽了双眼，也马上就感到非常后悔。威廉·宾受到这样的侮辱已经怒不可遏，他大步冲上前，在众人还没反应过来是怎么回事的时候，就一拳打在了华盛顿的面颊上。

　　满脸流血的华盛顿恢复了理智，深知是自己刚才的失言才让威廉·宾如此愤怒，所以他不打算向威廉·宾发难，但身边的朋友们却不能忍受威廉·宾的行为，他们蜂拥而上，一个个摩拳擦掌，群情激愤地想要揍威廉·宾。驻守在亚历山大里亚的华盛顿部下也很快就接到电话，听说自己的长官被打一事，愤怒的士兵们马上荷枪实弹地前来助战，整个会场气氛顿时无比紧张，一场战争似乎就要拉开帷幕。

　　在这样的情况之下，只要乔治·华盛顿一声令下，威廉·宾肯定会被众人痛打一顿，回报他让华盛顿满脸流血的那一拳。然而，华盛顿努力克制了自己，让自己的头脑慢慢冷静了下来，用命令的口吻平静而坚定地说：“我没事，大家都不要动。”

　　事态终于因为华盛顿的坚持而没有扩大，群情激愤的人们回到各自的位置，士兵们又回到了军营，而威廉·宾却觉得这件事一定不会轻易过去的。第二天，他果然收到了华盛顿派人送来的一张便条，邀请他去当地的一个酒店会面。威廉·宾马上意识到这是华盛顿在约他决斗，他的妻子哀求说："请您不要去赴约，华盛顿上校是有枪的，只要你去了，就再也见不到我了。"

而威廉·宾是一个富有骑士精神的人，在他的心目之中，荣誉比生命更重要。因此，他还是毅然地只身前往赴约，想要看看华盛顿到底会耍什么花招。

出乎威廉·宾意料的是，迎接他的不是一场决斗，而是华盛顿真诚的笑脸与一桌丰盛的酒菜。

"威廉·宾先生，我感到非常抱歉。"华盛顿热情而诚恳地说，"由于我一时的冲动，说出了不得体的话，触怒了您的自尊。犯错误是再所难免的，但我想如果我可以纠正错误，那将是一件令人愉快的事。我要为昨天的错误向您道歉，如果您认为我们可以到此为止和解的话，那么请您握住我的手，让我们交个朋友吧。"

威廉·宾被华盛顿的诚意感动了，他紧紧地握住华盛顿的手说："华盛顿先生，也请您原谅我昨天的鲁莽。"

两个人和解之后，坐下来共用午餐，气氛变得特别融洽，原本怒目相向的对手通过真诚的交谈，居然发现了对方的很多优点，两人从此成为了莫逆之交。在华盛顿之后的政治道路上，威廉·宾始终都是他最忠实的朋友和最坚定的拥护者。

化干戈为玉帛，让对手成为兄弟，这样的情谊来源于华盛顿的宽容和理智，更让他由此得到了有力的帮手。

≪ ＜ 友善敲门声 ＞ ≫

善于化敌为友，是高明的智慧，也是人性光辉的体现，没有化敌为友的胸怀，又怎么能成就一番大业呢？

当一个人愤怒的时候，最容易失去理智。而难能可贵的是，在愤怒的当下可以让自己迅速地恢复冷静，用理智来作出决定。

华盛顿之所以受到人们的尊敬，不仅是由于他能冷静、理智地面对这件事，还因为他在占据绝对优势的时候，还能用退让、宽容和友善来解决问题，让两个人的怒火都得到平息，让关系变得更为友好。

能具备这样的品质，不仅表明他是一个心胸宽广的人，更说明他具备着人性之中最善良的部分，宽容和忍让使华盛顿的形象变得更为高大。

把怨恨抛弃

当我走出监狱，开始迈向那扇通往自由的监狱大门时，我已经完全清楚：若不能把悲痛和怨恨留在身后的监狱里，那么我仍会继续活在狱中。

1991 年，南非的民族斗士曼德拉当选为总统，成为南非历史上一个值得铭记的时刻。当曼德拉总统的就职典礼开始的时候，大家都感到非常激动，这个为了争取黑人人权奋斗了半生的领袖，在典礼上的举动更令世界感到震撼。

曼德拉从年轻时代起，就开始成为反对种族隔离制度的斗士，他参加了很多这样的集会，成为南非人民的精神领袖。然而，由于曼德拉出色的表现，白人统治者很快注意到了他，并在一次集会上将他逮捕入狱。

在大西洋荒凉的罗本岛上，曼德拉被关在一个锌皮牢房里。这里是白人统治者关押政治犯的总集中营，被监禁在这里的曼德拉每天都要从事很大强度的劳动，天不亮就要去采石场里做苦工，有时候还要从冰冷的海水里面捞取大量的海带。

虽然每天都要进行高强度的劳动，但当权者依旧认为曼德拉是一个危险分子。所以，对于他的监禁也更为严格，专门配备了三名看守来监视他的行动。这样的日子一过就是二十七年，在那艰苦的岁月里，曼德拉和三名看守他的狱警朝夕相处，直到他获释。

在总统就职仪式上，曼德拉首先起身致辞，他欢迎了来自世界各国的政要，对来宾表示感谢。然后他说："在今天的就职典礼上，我还要介绍三位特殊的客人，他们是我被关押在罗本岛监狱的时候，看守我的三位狱警。"

这一番介绍，让在场所有的人都惊呆了，他们没想到曼德拉会邀请曾经看管自己的人。而曼德拉却真诚地说："我想请三位先生起立，让我将他们介绍给大家，并且接受我的致敬。"

三名局促不安的狱警站在那里，而曼德拉却大方地走上前，朝他们鞠躬表示致敬。曼德拉说："三位虽然是看守我的狱警，但在过去的岁月里，我所获得的成长都要感谢你们。当我在最艰难的罗本岛时，身处的环境是最恶劣的，而正是由于这恶劣的环境，才让我的意志得到了锻炼，更坚定了我要为了民族权益而斗争的决心。"直到此时，客人们才反应过来并报以雷鸣般的掌声。

那一个瞬间，全世界都被这位伟大的南非总统感动了，他博大的胸襟和宽宏的精神，让那些残忍地虐待他二十七年的白人感到汗颜，同时也令所有在场的人肃然起敬。

后来，当记者问起曼德拉总统为什么要邀请这三位客人时，他平静地说："在我年轻的时候，并不像现在这么沉稳，我是一个脾气暴躁的人，性格的缺点让我总是沉浸在愤怒之中。直到后来被关进监狱，我才开始逐渐学习掌控自己的情绪。我之所以能够活下来，并且不断为了南非人民的权益而斗争，应该要感谢那段岁月的磨炼。"

有记者问："那三个人只是您的看守，他们是最直接执行监禁您任务的人，为什么还要这么感谢他们呢？"

曼德拉却说："不，他们不仅仅是我的看守，他们还教会我自省，并且激励我在艰难的岁月里坚持下去，让我学会遭遇困难时如何排遣自己的痛苦。如果没有经历那段时间的监禁，我也许不会取得今天的成就。"

还有的记者问："是什么原因促使您在自己的就职典礼上说出那段话的呢？"

曼德拉说："在我身处监狱时，内心深处固然是有怨恨的。但这种怨恨并不是针对狱警，而是针对那些奴役我们的当权者。我深知造成那些痛苦的人，远远不是看管我的人，而是高高在上却不能体恤民情的人。当我走出监狱，开始迈向那扇通往自由的监狱大门时，我已经完全清楚了：若不能把悲痛和怨恨留在身后的监狱里，那么我仍会继续活在狱中。"

正是靠这种博大的胸怀和人格魅力，曼德拉赢得了南非人民的尊敬，同时也在世界政坛上获得了无数人的崇敬，他带领南非人民为了争取民族权益而展开的斗争成了各族人民效仿的典范，即便是在多年之后，曼德拉的精神依旧感染着每一个人。

当年被曼德拉邀请参加总统就职仪式的三个狱警，在此后的岁月回忆起当时的情景，都非常激动，他们没有料到自己曾经看押过的犯人会做出这样的举动。曾经由于统治者的利益，而让他们之间产生过怨恨，而在曼德拉的世界之中这种怨恨早已被抛弃，取而代之的是人类的大爱无疆。

《《 友善敲门声 》》

学会宽容，是人类心性的一次提高，当宽容了那些曾经给你磨难的人，你的人生视野也会变得无限广阔；学会感恩，感谢我们所遭遇到的一切，你的人生会在感恩之中变得无比崇高。

每个人在一生中都会遭受到一些磨难，而对有些人而言正是这些苦难才造就了他们的成功。要怎么走出心灵的牢狱，是每一个人需要反思的问题。当曼德勒离开了罗本岛，他期盼着获得自由，而如果他一直抱着怨恨不肯放手，即便人离开了监狱，心也依旧被囚禁着。

那些对于自己的遭遇总是抱持着不满、谴责生活的不公的人，会永远让自己深陷痛苦的深渊。即使苦难早已结束，他们还会在这深渊中不能自拔。而用广阔的心胸包容磨难的人，则会把磨难之中的得到看得更重，当他们度过了这一时期，会宽容地对待这一切，并且依旧心怀感激，感谢磨难带来的成长。

愤怒的木炭

他不会因为你的愤怒和诅咒而变得倒霉，你自己却会因为愤怒而失去了快乐的心情。

可卡是一个刚上三年级的小男孩，他每天都和同学们在一起快乐地玩耍，同学之间的友爱在这群孩子身上得到了很好的体现。可是有一天，可卡放学回家却满脸怒气，他气呼呼地冲进房间，"啪"的一声关上了房门，一声不吭地站在那里。

看到可卡眉头紧锁的样子，父亲便疑惑地问："孩子，发生什么事了，让你这么生气？"

可卡扔掉自己的书包，大声地说："爸爸，我现在很生气，莫尔那个坏蛋，今天让我在同学们面前出丑，我再也不会和他做好朋友了。"

见此情形，正在院子里做事的父亲停下手中的活儿，对可卡招手，亲切地说："到我这里来，和我说说发生了什么。"

可卡坐在父亲面前，将白天发生在学校的事情原委说了出来。只不过是同学之间互相打闹，可卡的同学莫尔将他推倒，以致引来同学们的一阵嘲笑而已。但在可卡幼小的心灵里，这样的嘲笑是让他无法忍受的，所以纵使莫尔百般道歉，他都不愿接受，因为自己被嘲笑的瞬间已经无法挽回了。

父亲听了可卡的诉说，不由得微微一笑说："孩子，我知道你的心情，让同学戏弄确实不好受，但莫尔已经向你道歉了，你还想怎么样呢？"

可卡咬牙切齿地说："不，我不想原谅他，我希望所有倒霉的事儿都落在莫尔的头上，最好让他也摔跤，被同学嘲笑。"

孩子的愤怒似乎很难在短时间之内得到纾解，可卡的父亲想了想，当他看到地上堆积的木炭时，一个办法出现在他的脑海里。父亲对可卡说："那好，你看到地上的这堆木炭了吗？我们就把院子里晾晒的白衬衣当做莫尔，你用这堆木炭来投掷它，如果你的木炭可以打在白衬衣上，你的愿望就会实现，莫尔会倒霉，你觉得怎么样？"

听了父亲的主意，可卡觉得很好玩。便捡起木炭奋力向远处的白衬衣扔过去。白白的衬衣因为被木炭砸中而留下了黑色的污渍，可卡看到之后兴奋地跳了起来，大喊着："爸爸快看，我打中莫尔了！"

可卡的父亲没有说话也没有笑，只是在边上看着孩子不断投掷。开始的时候，可卡的力量比较足，木炭会直飞过去砸中白衬衣，可是随着他变得疲惫，木炭只能落在衬衣前，却丝毫砸不到它。

父亲在一旁鼓励可卡："加油啊，儿子！只要你砸中一次，莫尔就要倒霉一次，用力扔！"

可卡甩开了膀子将木炭扔出去，可是由于距离太远，他累到满头大汗还是不能砸中。一直到把木炭扔完，白衬衣上也只有几道黑色的污渍而已，但这已经让可卡感到非常开心了。他指着衬衣说："看，我打中了莫尔好多下。"

父亲问："你现在的心情怎么样？"

可卡说："虽然很累，但是我很开心。这个游戏又好玩又解气！"

看他似乎已经没有了刚才的怒气，父亲便拉着可卡的小手说："现在白衬衣已经变黑了，你也达到目的了，让我们回屋去看看你自己是什么样子。"

疑惑不解的可卡跟随父亲来到屋里，看到镜子里的自己满脸都是黑炭，而衣服上更是污秽不堪。可卡有点诧异地说："我没发现自己什么时候被摸得这么黑了！"

父亲在一旁说："为什么你没有注意到自己变黑了呢？因为你全神贯注地去恨莫尔了，只知道扔木炭去砸衬衣，却忘记了自己也会被染黑。"

可卡看到这一切，似乎开始明白父亲的用意，父亲说："孩子，你看那件白衬衣，它并没有因为你拿木炭扔它而变得特别脏，但是看看你自己——却因此被摸黑了脸。这说明了什么？"

可卡低下头，说："说明莫尔不会因此而变得倒霉吗？"

父亲说："对，他不会因为你的愤怒和诅咒而变得倒霉，而你自己却会因为愤怒而失去了快乐的心情。你仔细想想，用这样的愤怒来惩罚自己，是否值得？"

可卡问父亲："那我要怎么做，才能让自己的手不再变黑呢？现在，我不希望莫尔因为我的诅咒而倒霉，更不希望自己因为诅咒朋友而摸黑了脸。"

父亲一边笑着为可卡洗脸，一边说："你的愤怒就好像是你刚才握在手中的木炭，当你握住了它，想用它来报复别人，自己本身也就变黑了。如果你放弃握住木炭，让宽容来占据你的内心，木炭就不会进到你的手中，愤怒也不会主导你。那时，你又怎么会变黑呢？"

虽然只是一个三年级的学生，但由于父亲耐心的教诲，可卡立刻就明白了其中的道理。自己的愤怒不会对别人起到任何的作用，反而自己会因为愤怒而蒙蔽了双眼，导致自己失去了应有的快乐，只有原谅莫尔才能让自己重新回到快乐之中。

丢掉愤怒心情的可卡第二天便找到莫尔道歉，两个好朋友又可以在一起玩耍了，此时的可卡惊奇地发现：让愤怒的阵地被原谅占领，原来可以让自己更快乐。

❰ ❰ 友善敲门声 ❱ ❱

善恶总在一念间，当一个人心中充满了友善的光芒，他会赢得别人更为友善的对待，世界也会因此变得更美好。

在对别人心怀愤恨的同时，很多的倒霉事反而会落在自己的身上。由于愤怒而丧失快乐心情对我们来说也是一大损失。木炭固然可以让白衬衣变黑，但泄愤的行为却让一颗愉快的心被愤怒占领，最终让自己变得更黑，这其中的得失连一个三年级的小朋友都可以很快了解，我们就更应该领悟。

宽容地对待别人，可以让我们远离愤怒的木炭，不让我们的双手被木炭染黑，自然也就不会让自己的脸变黑了。

原谅你的敌人

为了国家的前途，我还是会选择他来做参谋总长，我相信他可以胜任这个职位。

美国历史上最著名的总统之一亚伯拉罕·林肯是一个具有博大胸怀的人，在他作为共和党总统候选人参与选举时，曾经用爱的力量在历史上写下了永垂不朽的一页，每当人们折服于他的魅力时，总会提到那件事。

1860年，亚伯拉罕·林肯开始竞选总统，这个瘦瘦的候选人其貌不扬，但却非常有才华。而他的竞争对手斯坦顿则是一个劲敌，此人不仅思维敏捷，而且口才尤其突出，总是在公开场合让林肯难堪，有时候甚至让他下不来台。

林肯作为共和党候选人希望可以通过自己的努力，改变美国的人权状况，实现公民真正的平等，让美国南北方的差异缩小，让黑人得到自己应有的权利。而斯坦顿却是保守派的代表，他认为白人天生就是领导者和享受者，与黑人的平等将是对白人的侮辱。

在某一次辩论时，斯坦顿毫无顾忌地攻击林肯的主张，他说："我们白人天生便是优越的，但黑人却是愚钝的。我不明白为什么还有人会支持让黑人得到和白人相等的权利，如果亚伯拉罕·林肯还是这么愚昧不化的话，我真的开始怀疑是否林肯先生自己就是一个黑人。"

这种话在主要由白人议员构成的国会之中引起了大家的哄堂大笑，人们简直认为这是对亚伯拉罕·林肯的人身攻击，而林肯却一点都没有生气，还面带微笑地说："我知道斯坦顿先生一直对黑人有所歧视，但作为虔诚的信徒，我想您一定愿意支持上帝关于人类平等的主张。您说我是黑人，我并不生气，但说不定您所信仰的上帝也是一个黑人呢？"

斯坦顿瞪大了眼睛，大声说："一派胡言，只有疯子才会认为上帝是黑人！"

他的模样让在场的人都放声大笑，他对林肯的攻击也开始变得无力。虽然林肯不知道斯坦顿为什么会那么憎恨自己，但当他当选总统之后，在参谋总长人选的考虑上他首先选择了斯坦顿。他的心腹非常不解地问："在您竞选的时候，斯坦顿和您是死敌，他对您的态度简直令人愤怒，为什么还要选择他来加入内阁呢？"

林肯说："依照我对斯坦顿的了解，他是一个非常务实的人，在竞选时对我的攻击只是因为我们分属不同的党派，这无可厚非。现在我所需要的只是他的才能，让他来为美国作出贡献，而不是看他是否对我溜须拍马。"

心腹们还是不解地问："他对您的恶毒攻击，难道你都忘记了吗？让这样一个反对者来做参谋总长会影响很多的政策决策，难道您放心把这么重要的位置交给他？"

对此，林肯依旧不为所动地说："他是我的死敌，也对我进行过令人记忆深刻的攻击，这些我并不否认。但我相信他对我的批评都是为了更好地激发我。为了国家的前途，我还是会选择他来做参谋总长，我相信他可以胜任这个职位。"

得到这个消息的斯坦顿本人也感到非常奇怪，他没有想到林肯总统会选择自己。当初双方对阵时所说的话还犹在耳边，而现在却要成为林肯内阁的成员，这多少让斯坦顿有些不好意思。他握着林肯的手，尊敬地说："总统阁下，您不计前嫌，选择我来做参谋总长，我不胜感激，一定不会辜负您的期望！"

在此后的日子里，斯坦顿果然没有辜负林肯当初力排众议的选择，帮助林肯做出了很多令人刮目相看的政绩。

1865 年，美国南北战争结束之后，林肯总统废除了黑奴制度，这成为美国历史上的一件大事。而在林肯之前的两任总统其实也都筹划要做这件事，《解放黑奴宣言》也早在此前就已经有了草稿，但由于当时社会的压力，总统迟迟不敢签署这样的命令。人们总是说，前总统将这一伟业留下来，就是为了成就林肯的一世英名，而林肯却笑着说："事实上，我之所以能够签署《解放黑奴宣言》，不仅是因为我为黑人争取人权的勇气，更因为我的身边有一群坚定的人，是他们给了我力量，让我可以义无反顾地去做这件事。所有支持我作出决定的人中，斯坦顿就是其中一位。我要感谢我的这位朋友！"

斯坦顿和林肯，两个人从死敌变成朋友，其实只在一瞬，而他们所创立的功业，却会流传千秋万代。

≪ ＜ 友善敲门声 ＞ ≫

渺小的私人恩怨在国家利益上不值得一提，而包容的度量则成为一个领导者必须具备的素养。成功的道路上，我们需要敌人来让你奋进，更需要朋友来帮你勇往直前。

在这个世界上，恐怕没有谁会比你的敌人更加了解你，让敌人变成知己，不是一件轻松的事情，却是一件值得尊敬的事情，当脱离了论战的氛围，两个人自然可以成为朋友。

林肯的选择，不仅说明他本人是一个胸怀广阔、不计前嫌的人，更说明斯坦顿和林肯都是光明磊落的人，当他们针锋相对的时候，会毫不留情；当他们携手并肩的时候，也会全力以赴。

在政治上，并没有永远的敌人，而在生活中，更没有必要永远与人为敌。化敌为友的林肯得到了人们的赞美，更得到了斯坦顿的忠诚，如果我们也可以在生活之中秉持这样的精神，必然可以让我们的朋友多于敌人。

宽容无限

我想明白了，约翰只是想要独吞我行囊里的鹿肉，他生怕自己不能活着见到母亲。所以，我当晚就原谅了他，我假装什么都不知道。

在二战期间，有一支部队在森林之中和敌军相遇，经过了一番激烈的交火之后，这支部队被打散了。由于敌军火力太猛，部队之中有两名战士和大家失去了联络，但他们并没有牺牲，而是躲开了敌人的追杀，一路逃到了一个小镇上。

当两名脱离部队的战士在丛林之中跋涉时，他们彼此都十分明白对方对自己的重要性。高个子的安德森一直把行李都背在自己身上，因为他身体更加强壮一些，所以主动帮助瘦小的约翰分担行李的重量。而约翰则一路非常机警地观察着四周的情况，确保两个人可以安全地返回营地。

十多天过去了，安德森似乎有些失去了信心，他对约翰说："可能我们要永远葬身在森林之中了，现在也许部队已经拔营离开了。"

"不，不会的！"约翰虽然瘦小，却是一个坚强的战士，他安慰安德森："在我们没有回去之前，长官肯定会到处找我们。不确定死亡，他们是不会遗弃我们的。你的家里难道没有亲人吗？我想你肯定不愿意死在这里。"

"我没有亲人了，战争爆发之后，家里只有我一个人活了下来。"安德森失望地说。

约翰连忙又安慰他："所以你更要活下去，带着家人的希望，继续活下去。如果你死在这里，将来到了天堂，你又怎么去面对那些爱你的亲人呢？难道你要告诉他们自己是因为被追杀失去了活着的信心才死的吗？"

"当然不会！我一定要让他们在天国以我为荣。"安德森说，"你的家里还有亲人吗？"

约翰说："是的，我的母亲还活着，她天天都在盼望着我回去。所以我一定要活着回去！"

在约翰的鼓励之下，安德森逐渐有了生存下去的勇气，两个饥肠辘辘的人在树林里到处寻找吃的，经过好几天的狩猎，终于打死了一只鹿。安德森兴奋地说："在森林里可以吃到鹿肉，这简直太好了。"

而约翰却说："不要高兴得太早了，因为打仗，森林里的动物都逃光了，这只鹿也许是我们能找到的最后的食物了。"

安德森的心情并没有因此而受到打击，他笑着说："至少我们现在不用挨饿了。"

在接下来的几天中，就如同约翰所预料的一样，他们没有再遇到任何的动物，也找不到新的食物，只能依靠那只鹿的鹿肉存活下去。安德森将鹿肉切割下来，背在自己的行囊里，等到休息的时候才拿出来分一块儿给两个人吃。

经过几天的跋步之后，两个人的小分队又一次遭遇了敌军，经过了短暂的激战之后，他们深知自己不是敌人的对手，所以巧妙地逃开了。两个人在山林里快速地奔跑着，安德森在前面一边跑一边观察着路线，而约翰在身后紧紧追随着他。就在两人以为脱离了危险时，一颗子弹忽然从背后打来，安德森中枪了！

值得庆幸的是，安德森所中的那一枪只打在了肩膀上。约翰很快惶恐地追上来，他害怕得语无伦次，紧紧抱住血流不止的安德森，赶快撕开自己的衬衣为他包扎。看着约翰泪流满面的样子，安德森却异常平静，他不断安慰约翰不要紧张，一边挣扎着继续前行。

晚上是两个人最安全的时刻。安德森躺在大树下静心休养着身体，而约翰则坐在那里发呆，他眼睛直直地望着黑暗的丛林，嘴里不住地念叨着母亲的名字。安德森知道那是支持约翰活下去的唯一动力，为了见到自己的母亲，约翰一定会不顾一切地活下去！

坚持到最后就能看到希望，第二天，大部队终于找到了他们，两个人获救了！他们紧紧的拥抱在一起，为生死与共的日子而泪流满面。

30 年之后，安德森再一次回忆起当时的情景依然面带微笑，但是他却说："我知道那一枪是怎么回事，那不是敌人，而是约翰开的枪。当他冲上来抱住我的时候，我碰到了他发热的枪管。但是我当时不明白他为什么会朝我开枪。"凝神思索了一会儿，安德森好像又回到了那个年代，他笑着说："后来，我想明白了，约翰只是想要独吞我行囊里的鹿肉，他生怕自己不能活着见到母亲。所以，我当晚就原谅了他，我假装什么都不知道，也从来不提在丛林中背后的一枪的事。"

记者问："那你们在此后的 30 年中都没有再聊过那件事吗？"

安德森说："战争太残酷了，每一个人都在被迫做着自己不喜欢的事。后来我和约翰回到了家乡，可是他的母亲没能等到他，已经去世了。我们一起去祭奠约翰的母亲时，他对我坦白了这件事，恳求我的原谅。可我阻止了他，没有让他说下去……"他笑了笑，说："我们又做了几十年的好朋友，我想：宽容是值得的！"

≪ ≪ 友善敲门声 ≫ ≫

有位哲人曾经说过："用恨来对恨，恨将永远存在于我们身边；用爱来对恨，恨就会从我们身边自然消失。"

当两个战士在丛林之中逃命时，稍有不慎，就要面对生离死别。安德森表现出无限宽广的胸怀，因为他懂得约翰的心思，明白他为什么要这么做。30 年的时间里，安德森保守着这个秘密，不愿意看到约翰为此受到煎熬，只是将自己受到的伤害埋藏在心间。这种高尚的情操是多么伟大，正是因为有了这样的人，才让我们的世界变得越来越温馨。

真正能够做到以德报怨的人，才足以令人钦佩，因为他们将宽容给了别人，把伤害留给自己，纵使那样的伤害曾经危及他们的生命。

最好的消息

如果是这样，那简直太好了！这真的是我这一星期以来听到的最好的消息！

在阿根廷，人们除了热爱足球之外，还非常喜欢打高尔夫球。很多高尔夫球星都获得了阿根廷人民的热爱，其中有一位叫做罗伯特·温森多的球手，不仅由于其精湛的球艺，更因其豁达出众的人品，而得到了人们的赞扬。

温森多作为一名知名的球手，总是会被邀请到各地参加不同的比赛。有一次，他受邀参加了一场高尔夫球锦标赛，在比赛中他表现出色，令观众都为之疯狂。在比赛结束之后，温森多拿到了属于自己的奖金支票，微笑着从记者的重围中走出来。正当他来到停车场，打算回俱乐部时，一个年轻的女子朝他走来。

"你好，温森多先生！"那名女子非常热情地朝他打招呼。

温森多也对她致以热情的回应："你好，女士！"

本以为女子打完招呼之后就会离开，谁知道她却靠着温森多的车，聊起了她对比赛的感受："您的表现实在太好了，我觉得您最后的一杆打得尤为精彩，那些人根本就不是您的对手，您说是不是？"

温森多谦虚地笑了笑，说："对手的实力也非常不错，我只是今天运气比较好而已。"

那女子听他这么一说，原本兴高采烈的脸瞬时变得哀愁起来："温森多先生，就像您所说的一样，我觉得您真的是一个非常幸运的人。但和您相比，我就太不幸了。"

善良的温森多见她满脸愁容，便问："发生什么事了吗？有什么需要我帮忙的地方？"

这名陌生的女子哭丧着脸说："是这样，我是一个单身妈妈，我的丈夫在几年前得病去世了，这几年我都非常辛苦地抚养着我们的孩子。但是最近我可怜的孩子生病了，而且病得很重。医生说，要是不赶快做手术，他可能会死掉！"说着，女子还开始掉下眼泪。

温森多忙安慰她："不要担心，相信医生会帮助你解决难题的！"

可那名女子拉着温森多的胳膊，继续哭着说："医生当然可以救我的孩子，但我已经没有任何钱来支付他的医药费和住院费了，那是一笔昂贵的费用，而我已经身无分文了。"

温森多听到这里，想起自己刚刚拿到的比赛奖金，他毫不犹豫地拿出支票，在上面签好字递给那名女子，说："这是我这次比赛的奖金，我希望可以帮到那个可怜的孩子。祝愿他能早日康复！"

那名女子接过支票，连连表示感谢，很快便消失在温森多的视线之中。而温森多却连她的名字都没有问。

这件事过去之后，温森多还像往常一样忙着打比赛，他似乎已经忘记了曾经有一个奇怪的女人拿走了他的支票。可一个多星期之后，当他来到一家乡村俱乐部用午餐时，有一位职业高尔夫球联合会的官员走过来和他打招呼："你好，温森多先生，最近过得还好吗？"

温森多礼貌地和他握手，两个人聊起了上一次比赛的情况，那名官员忽然说："你上次比赛之后匆匆离开，是不是在停车场遇到了一个奇怪的女人，她自称自己的孩子生病住院了？"

温森多点点头，疑惑地说："你是怎么知道这件事的？"

官员说："是停车场的孩子们告诉我的。"他又问："你难道不觉得那个女人很蹊跷吗？"

"蹊跷？她只是可怜而已。"温森多说，"那真是一个可怜的女人，她独自一个人抚养着孩子，没想到孩子还生病住院了。"

"那么，你不会给她钱了吧？"官员似乎带着一丝戏谑的态度问。

温森多说："是的，她需要帮助，我把比赛所得的奖金支票给她了。"

听他这么一说，那名官员摇摇头，无奈地说："你真是一个善良的人啊！"

温森多忙问："这究竟是怎么回事？你为什么会问起这件事？"

那名官员说："那个女人是一个骗子，她根本就不是什么单身妈妈，更没有什么病得很重需要做手术的孩子。据说她至今还没有结婚，却依靠编造谎言在停车场里欺骗了很多人。"

"那么你是说，根本就没有一个孩子快要病死了？"温森多问。

"是的！"官员回答说，"当然没有孩子要病死了，这一切都是她编造的谎言。"

温森多长吁了一口气，说："如果是这样，那简直太好了！这真的是我这一星期以来听到的最好的消息！"

❰❰ 友善敲门声 ❱❱

美国一位著名的教育家威廉·菲尔曾经说过："真正的快乐，不是依附在外在的事物上。池塘是由内向外满溢的，你的快乐也是由内在思想和情感中泉涌而出的。如果，你希望获得永恒的快乐，你必须培养你的思想，以有趣的思想和点子装满你的心，因为，用一个空虚的心灵寻找快乐，所找到的，也只是快乐的替代品。"

在受到欺骗的时候，首先关心的并不是自己，而是那些需要帮助的人，温森多是一个多么善良而纯真的人。他丝毫不在意自己是否上当，也不会因为别人骗他而愤怒，因为他的内心之中认为没有发生不好的事，便是最好的结果。

这样的人必然是快乐的，当温森多被内心的宽容、友善所填满时，他的人生又怎么能不快乐呢？

第七章　命运挑战者

引言：

　　在布满坎坷的人生道路上，每一个人都会遭遇到自己的障碍，阻止你朝自己的目标前进。有一些障碍来自于自身，有一些障碍来自于环境，不管是什么样的困难，都好像是生活的不公与命运对人的限制。当我们面临这些困难的时候，勇敢者会对命运发起挑战，永远不屈服于命运的禁锢，因为他要追求属于自己的人生。只有敢于打破这些桎梏的人，才能战胜命运，成为生活的胜利者。

我想环游世界

只要我们想去，就一定可以去环游世界！

在美国一个贫民窟里，一群出身贫困的孩子聚在一起，他们正在阅读一本关于全球最美风光的书。在这本书里，介绍了全世界最美丽的山谷、海滩、湖泊和草原，那里的美景令人陶醉，也同样让这群孩子们感到非常向往。

"什么时候我也可以去这里游览一番，那就好了！"有一个孩子赞叹道。

其他的孩子并没有嘲笑自己的伙伴，因为他们自己也很想去，领头的一个说："如果我们可以环游世界，这里所有的美景都可以去看了，你们想和我一起去环游世界吗？"

大家的热情都被这个孩子的话点燃了，每个人都非常激动地说："我想去！我想去！我想去环游世界！"

可是有人却说："我们还从来都没有走出过这个小镇，居然想要环游世界，是不是有点不切实际？要知道这需要很多钱！"

这个问题是如此现实，大家都开始沉默了。每一个人都很清楚自己家的经济状况，吃饱饭尚且很难，何况是花那么多钱去周游世界呢！对于那些有钱人来说，去世界的任何角落都有可能，而对于这群穷孩子来说，他们的命运早就被限制在这个小镇之内了，他们的脚步也许不能到达其他任何地方。

悲伤的情绪蔓延着，大家都为这个刚刚开始就破灭的环球梦而感到难过。可是领头的孩子却又说："没有关系，只要我们想去，就一定可以环游世界！"

大家的热情又回来了，纷纷问："那我们应该怎么办？"

领头的孩子想了想，说："我们可以募捐，有很多好心人会捐钱给我们。"

"可是怎么让他们知道我们需要钱呢？"

"我们可以在报上刊登广告！"

"可是刊登广告也需要很多钱！"这个难题又一次让大家皱起了眉头，大家查阅了最有名的报纸，在它的一个角落找到了刊登广告需要的费用：一万两千美元！

对于一群生活需要救济的孩子来说，一万多美元的广告费简直就是一个天文数字。可是他们并没有因此而放弃，领头的孩子说："一万两千美元虽然很多，但只要我们团结起来，就一定可以赚到这些钱！只要可以刊登广告，我们就会得到好心人的募捐，就可以去环游世界了！"

孩子们开始为自己的壮举感到无比激动，他们不愿意就此放弃自己的愿望，就算横亘在面前的是一座望不到顶的高山，他们也想去攀登。有人说："我们可以去赚钱，我能去卖报，你能去卖花，还可以去帮大人洗车，这都可以赚到钱！"

于是大家开始分头行动，去洗车、修剪草坪、卖报、卖花，所有的方式都被利用起来了，每个人都不再只想着玩，为了那个令人激动的环球梦，大家都团结在一起，一美分一美分地积攒着巨额的广告费用。

这群孩子们的行动很快引起了报社的注意，因为他们几乎是所有报童里最勤奋的了，不管什么天气他们都会准时报到，并且努力地卖报赚钱。有一名记者无意之中问："孩子，你为什么要这么早就来卖报？不觉得很辛苦吗？"而这名报童却说一点都不觉得辛苦，他很兴奋地告诉记者自己要环游世界，正在筹集一万多美元的广告费。

　　这个令人感动的事情引起了记者的注意，他很快撰文将这群孩子的事写了出来，人们通过报刊知道了这群穷孩子环游世界的梦想，也都深深地为他们的壮举而感动。

　　著名的篮球明星迈克尔·乔丹看到报纸之后，打电话到报社说："这群孩子想要环游世界的梦想太令我感动了，我想要帮助他们。"而记者告诉他："他们很需要帮助，但首先需要的是广告费，按照他们的计划：首先要刊登一则广告，号召大家募捐，他们才能得到环游世界的钱。"

　　迈克尔·乔丹笑着说："这不难，我会帮他们实现的！"不久之后，一张一万两千美元的支票出现在了报社，这是有人捐给这群孩子的广告费，而捐款人的署名却是圣诞老人。这是乔丹为了圆孩子们一个梦想而做出的善意举动。

　　有了这一万两千美元，孩子们很快就在报纸上刊登了自己的广告，他们用心设计的广告诉说了自己环游世界的美好愿望，引起了社会各界人士的强烈反响，孩子们收到了来自全球各地超过八千多封来信，每天都有好心的捐款人出现。更令人激动的是，总统也看到了这则广告，他甚至邀请孩子们去白宫做客。

　　等筹集到一部分经费后，孩子们终于踏上了旅行的飞机。当他们生活在自己贫困的小镇上时，从未想过有一天可以到世界这么多的地方游玩，因为人们总是说：穷孩子没有钱去做这些事。但这群孩子并没有这么想，他们勇敢地提出了自己的梦想，并付诸实践。命运企图用贫穷来将他们的脚步限制在小镇上，而他们却走了出去，将自己的脚印散布在世界上每一个美丽的地方。

《 《 挑战敲门声 》 》

一个有远大志向的人，不会被命运桎梏，他能挣脱那些限制自己的牢笼，勇敢地闯出一番新天地。

如果一个人屈服于生活的限制，对未来连一张蓝图都不曾绘制，又怎么能够创造出令人惊叹的奇迹？若连反抗的尝试都没有过，任凭命运摆布，才是人生最大的悲哀。

也许，我们对命运的抗争并不会取得胜利，最初的梦想并没有转化为现实，但多年之后回想起来，也会为曾经的努力而感到骄傲。

肯德基的诞生

真的要放弃了吗？哈伦德·山德士不断地问自己，他想到自己的人生，想到一路走来的艰辛，不住地对自己说："不，决不能放弃！"

遍布全球的肯德基是人们都非常喜爱的快餐店，不管走到世界任何地方，都可以看到它的身影。这家覆盖范围如此之广的快餐店，几乎可以称为全球餐饮业最成功的榜样，而它的创始人哈伦德·山德士创立肯德基的过程却并不那么顺利。

哈伦德·山德士作为肯德基的创始人，拥有如此辉煌的餐饮帝国，令很多人都非常羡慕。但几乎很少有人知道哈伦德·山德士在创建肯德基之前的艰辛，他几乎尝遍了生活的辛酸，命运在他成功之前所设立的障碍可以打倒很多人，而哈伦德·山德士却没有被打败，他一直都没有放弃奋斗，并最终获得了胜利。

虽然出生于一个并不富裕的家庭，但哈伦德·山德士的童年却一样充满了欢乐，因为那是一个非常幸福的家庭，父母相亲相爱，并且都对哈伦德·山德士的成长赋予了非常大的期望。可是不久，命运的捉弄就来了。他五岁的时候，父亲在一次意外之中离开了人世，沉浸在悲痛之中的哈伦德·山德士还没来得及适应这样的变故，母亲又因为不堪生活的重负而改嫁他人，小小年纪的哈伦德成了一个没人管的孩子。13岁的时候他已经不能再上学了，只好辍学，从此成了一个无家可归的流浪儿。

一个只有13岁的小男孩，并不具备生存必需的技能，因此，哈伦德·山德士的流浪显得特别艰辛。他几乎没有穿过一件干净的衣服，还总是忍饥挨饿。当他行走在街头，最大的愿望就是可以吃一顿饱饭。为了让自己活下去，小哈伦德开始找各种工作来做，不管是餐馆的杂工，还是汽车清洁工，他都做过。农忙的时候，哈伦德也会跑到农场去谋一份工作，以求维持生计。

经过了三年的流浪，哈伦德·山德士已经被磨炼得非常坚强了，他的脸上没有同龄孩子那样愉快的表情，只有渴求生活的坚毅。为了让自己可以获得一个稳定的生存环境，16岁的哈伦德谎报了自己的年龄，通过招募士兵来到了军队。在这里，虽然生活枯燥乏味，但对于从小失去家庭的哈伦德·山德士来说却是莫大的幸福，训练再艰苦也不能和流浪的日子相比，至少他可以在疲惫的训练之后吃上一顿饱饭。而部队的严酷训练更让他的身体和意志得到了锻炼，也迅速使哈伦德成长为一个健壮且坚强的小伙子。

这一段时间，就好像命运忽然忘记了给哈伦德·山德士苦难一样，他过得还算开心。可服役期满之后，他必须复员回家，于是他利用自己在部队中所学到的技术在家乡开了一个简陋的铁匠铺。这是哈伦德对于命运的第一次挑战，也是他的第一次创业。可是，在强大的竞争压力之下，哈伦德的这一次尝试很快就失败了，铁匠铺以关门告终。

此时的哈伦德·山德士似乎又被生活打败了，他再次过上了参军之前的生活，居无定所，漂泊无依。但是哈伦德不甘于向命运低头，所以他又通过自己的勤劳谋得了一份在铁路上当司炉工的工作，这种稳定的日子是他期盼很久的，所以哈伦德对这份工作倍加珍惜。不久之后，由于他出色的工作表现，居然从临时工变成了一名正式工人！哈伦德·山德士感到从未有过的高兴，他终于有了一份安定的工作，可以结束自己漂泊无依的生活了！

可是，幸福的日子并没有持续多久，经济大萧条袭击了每一个行业，哈伦德·山德士也因此而失业。此时，他的妻子也正处在怀孕期，处于人生低谷之中的哈伦德似乎要被生活压得直不起腰来。更致命的打击是：妻子因无法忍受生活的艰辛离他而去，这让哈伦德对人生失去了仅有的一丝希望。

不想挨饿就必须找工作，但他却到处碰壁。锲而不舍的哈伦德·山德士在这段时间里几乎做过了全部辛苦的工作，不管是推销员，还是码头工人，或者厨师，他都尝试过。可是无论哪种工作，哈伦德总是干不了多久便被老板以各种理由辞退。不断被解雇，不断寻找新的工作便成了这一阶段哈伦德·山德士的人生内容。

为了维持生活，哈伦德·山德士也尝试过开加油站，或者是经营其他的小生意，但都以失败告终。生活似乎从未给过这个不幸的人成功的机会，朋友们也都对哈伦德失去了信心，对他说："你现在已经不年轻了，还是不要再折腾了，认命吧！"

对于朋友们所提及的"你已经老了"，哈伦德·山德士从来都没有认同过，他觉得自己还有很多机会，虽然命运坎坷，但他内心还是充满了对未来的期望，纵然在与命运的战斗中他从未赢过。可是直到某一天，当邮递员为他送来一张属于他自己的第一份社会保险支票时，哈伦德·山德士才忽然意识到：自己原来真的老了！已经老到要领取社会保险的时候了，真的要放弃了吗？哈伦德·山德士不断地问自己，他想到自己的人生，想到一路走来的艰辛，不住地对自己说："不，决不能放弃！"

哈伦德·山德士不愿放弃，他又一次发起了对命运的挑战，用那张105美元的社会保险支票开设了肯德基快餐店。而这一次，他终于赢了，在他88岁的这一年，哈伦德·山德士迎来了欣欣向荣的伟大事业。

‹‹ 挑战敲门声 ››

在不断遭遇生活的重重困难之后，有多少人还会坚持，还会挑战，还会充满对生活的希望？

　　当命运的磨难接二连三地冲击着你，你是否可以在伤痕累累的时候还抬头向它抗争？对于哈伦德·山德士来说，他几乎承受了普通人可能遭遇到的一切困难，少年时的颠沛流离，青年时的居无定所，中年时的穷困潦倒，这些足以让一个人放弃继续生活下去的勇气，而他却以永不服输的精神让自己勇敢地活了下去，并且最终取得了成功。

　　当生活将坎坷送给你时，它并不是给了你一个放弃奋斗的理由，而是给你一个接近成功的阶梯，哈伦德正是在这样的精神支撑之下，经历了一次次的失败和尝试后，自强不息地靠近了成功。不肯放弃的人值得我们钦佩，而命运给予的那么多磨难，足以促使他们获得更多的成功。

只有两个苹果

> 我只是一个很普通的人，虽然我一直想给母亲带来骄傲，虽然我这些年来一直都非常努力地去做，可是却从来没有做到。今天，当我在这个平凡的岗位上为自己争得一席之地时，只希望母亲能够尝一尝我十年前就为她做的这道甜点。

在巴黎一个贫困的家庭里，贝尔蒙多出生了，这个男孩给他的母亲带来了很多的期望，她希望贝尔蒙多将来长大可以光宗耀祖，成为自己的骄傲。所以，贝尔蒙多从小就被母亲送去学习很多技能，其中有钢琴、舞蹈、绘画，还有足球、篮球、高尔夫，小小年纪的贝尔蒙多几乎整天都在辛苦不堪地学习着。

每当贝尔蒙多感到疲惫的时候，他的母亲都会在一旁说："我的孩子，我所有的希望都在你身上，你一定不能偷懒，要好好努力！"

此时的贝尔蒙多就算再累，都会强打起精神，努力地去背诵、练习那些他并不感兴趣的内容。经过了一段时间的学习之后，母亲发现贝尔蒙多钢琴不能弹奏一首曲子，绘画不能画出一幅画，而舞蹈表现得更是一团糟。在艺术方面毫无天赋的他，在体育方面也表现平平，在球场上，他永远都是输的那一方，任凭同学们对他百般嘲笑。

看到自己的孩子既不可能成为一名艺术家，也不可能成为一名运动员，贝尔蒙多的母亲感到非常颓丧，她终于开始面对这个现实：贝尔蒙多天生迟钝，他只是一个普通人，而且必将学无所成。

贝尔蒙已经敏锐地感受到了，母亲望子成龙的热情在一天天衰减，当他十多岁时，母亲已经放弃了培养贝尔蒙多的愿望，她只能疲惫地看着贝尔蒙多说："我的孩子，看来你并没有天赋，你就做一个普通人吧。"

贝尔蒙多不断地安慰母亲："我一定会成为一个优秀的人，会让您感到骄傲的。"而母亲却只是淡淡地一笑，很显然，她并不相信儿子的话。

中学毕业之后，贝尔蒙多便辍学在家，无所事事的他让母亲更加担忧。出于对他前途的考虑，母亲问："孩子，你希望自己成为一个什么样的人呢？"

贝尔蒙多想了想，说："只要能让您感到开心，我做什么都可以。"

而母亲却说："你应该开始为自己的前途着想了，你能做什么，又想做什么，你想过这个问题吗？"

这些都是贝尔蒙多从未想过的，他皱着眉头努力地想自己可以做什么，却没有找到自己擅长的任何事。忽然，他看到桌子上有两个苹果，便开心地对母亲说："我可以做苹果点心！"

听到这样的回答，母亲感到更加失望，她原本期望儿子说出一个很高的理想来，可现在他却说只想做苹果点心，这样的落差让她更加忧心如焚。随着这种情绪的积累，母亲逐渐放弃了对贝尔蒙多的希望，索性让他自己待在家里，认为他只是一个可有可无的人。

一个偶然的机会，贝尔蒙多得到了一份去一家非常豪华的大酒店做伙计的工作，他长相普通，又没有特长，任凭任何人在酒店里对他指手画脚，而贝尔蒙多却对任何人都是笑脸相迎。因为工作勤快，贝尔蒙多受到了后厨师傅的青睐，他让贝尔蒙多到餐饮部去做一名打下手的小工，帮助甜点师傅清洗水果，配置调料。

在酒店的餐饮部，贝尔蒙多终于表现出了他对甜点的喜爱，经过他反复的实践，将自己原本所做的苹果点心作了改动，研制出了他唯一会做的一道甜点。那是将两个苹果的果肉都挖出来，经过调制之后，再装进其中一个苹果的一道点心，因为那个苹果显得非常丰满，外表上丝毫看不出来是由两个苹果拼起来的，连果核也都巧妙地去掉了，所以吃起来特别香甜，具有一种特殊的味道。

这道贝尔蒙多唯一会做的苹果点心，在某一次被一位长期包住酒店客房的贵妇人发现了，她品尝之后十分欣赏这道甜点，并特意约见了贝尔蒙多，她说："年轻人，你做的苹果甜点是我有生以来吃到的最好吃的点心，我相信你一定会成为一个出色的甜点师。"

这个一直不被重视的憨厚小伙子听到这样的嘉许，简直激动得说不出话来了，他只是一个劲儿地点头说："我会继续努力，不辜负夫人的赏识！"

这位贵妇虽然长期包住了酒店最昂贵的套房，可是她一年之中也只有一个月的时间在这里度过，而她每次来到这里，都会点名要那道贝尔蒙多制作的苹果甜点。

由于经济萧条，巴黎的酒店业遭遇到了前所未有的冲击，这家酒店的员工有很多都被裁员，可是毫不起眼的贝尔蒙多却由于这道他唯一会做的点心而平安无事，因为那位贵妇是酒店最重要的客人，而贝尔蒙多也因此成为酒店不可缺少的甜点师。

在经济好转之后，巴黎举办了一次甜点师大赛，在这个豪华的庆典上，每一个大厨师都会拿出自己的拿手菜。轮到贝尔蒙多的时候，他仍然只是做了那道苹果甜点，却因精心的制作和奇特的口味而得到了评委的一致好评。

在比赛最后的时刻，贝尔蒙多捧着自己精心制作的苹果点心，对坐在观众席中的母亲说："我只是一个很普通的人，虽然我一直想给母亲带来骄傲，虽然我这些年来一直都非常努力地去做，可是却从来没有做到。今天，当我在这个平凡的岗位上为自己争得一席之地时，只希望母亲能够尝一尝我十年前就为她做的这道甜点。"

在众人的注视之下，年迈的母亲眼里含着幸福的泪花，一口一口地细心品尝了这道远近闻名的招牌甜点。她终于知道了，贝尔蒙多不是一个普通的人，虽然上帝只给了他两个苹果，可他却巧妙地调制出了全世界独一无二、令人刮目相看的苹果点心。

当初，母亲虽然忽视了他，可是贝尔蒙多自己从来没有轻视自己，虽然他拥有的只是两个苹果。

≪ ◀ 挑战敲门声 ▶ ≫

当人慨叹命运对自己不够青睐的时候，却忽略了命运赠与他们的美好品质。就算是一个普通得一无是处的人，也会拥有与众不同的地方，因为每一个人都有自己的宝藏。

贝尔蒙多很平凡、很普通，但他也同时是最坚强、最勇敢的人，因为他从未停止对命运的挑战，去争取做一个重要的、不可缺少的人！当母亲因为他的平凡而不断失望的时候，贝尔蒙多的内心一定非常难过，而事实上，这个平凡人身上的闪光点，在十年前就已经展现出来了。当十年之后品尝到那一道点心时，母亲才明白了自己的错误。

当与别人的优势进行比较时，当看到别人都获得了成功时，当那些你梦寐以求的东西都与你失之交臂时，请不要埋怨，也不要懊恼，那只是一次又一次来自命运的考验，只要昂头向前，对忽略了你的生活展开挑战，你就会惊喜地发现：你也有自己的过人之处！

忘掉你的缺点

如果你真的想让人们忘记你的龅牙，最好的办法不是闭上嘴，而是发挥你精湛的球技，让他们感叹你的优秀，而忽视你的牙齿。

对于喜欢足球的人来说，罗纳尔多几乎是无人不知的，他是绿茵场上难得一见的天才，也是一场球赛确保胜利的英雄。被称为"外星人"的罗纳尔多是一个让所有的后卫都感到头疼的前锋，与他交过锋的每一个对手都会被他精准的射门技术与惊人的启动速度而震撼，更重要的是，这位巴西球星身上具有着无时不在的霸气，可谓当之无愧的足球王者。

但是，几乎很少有人知道，现在纵横在绿茵场上的罗纳尔多尽管拥有着不凡的足球天赋，但他的成长过程却是很艰辛的，他的霸气表现并非天生如此，他也有过畏缩不前的时候。而之前妨碍罗纳尔多在球场上的精彩表现的，便是他的龅牙。

在罗纳尔多还小的时候，他便非常热衷于足球，每天都要和伙伴们跑到球场上去踢一场，后来进入正规的足球训练队后，他表现得更加投入，也很快获得了进步。在少年时期所参加的各次比赛之中，罗纳尔多就已经成为小伙伴之中的佼佼者了，但有一些对手却对他进行了尖刻的讽刺，他们大声地说："嗨，那个龅牙，为什么不先去医院再来踢球呢？"

这样的侮辱让罗纳尔多感到非常气愤，而对手却总是笑着跑开。直到有一次，当罗纳尔多又一次踢进了一个球时，他兴奋地绕场环跑，而对方却有一个球员跑过来对他吼道："龅牙，你听着，我一定会把你那丑陋的牙齿打得掉一地，让你满地找牙！"

罗纳尔多再也无法忍受这样的挑衅，他冲上去说："你再说一遍！如果你真的有本事，就在球场上打败了我再说！"

而对方却自得其乐地说："我根本没把你放在眼里，你不用得意得太早！你肯定不能打头球吧？因为你的龅牙会挡住球，让你的头碰不到它！"

队员们三番五次地拿罗纳尔多外貌上的缺陷对他加以取笑，这种低劣的行为和没有风度的表现彻底激怒了罗纳尔多，他冲上去照着对方的脸打了一个耳光，于是双方在球场上扭打了起来。

当裁判员把两个人拉开的时候，两人脸上都已经布满血迹，罗纳尔多就像一只发怒的野兽一样大喊着："我一定不会放过你！"而对手却狡诈地笑了。

因为有人证明是罗纳尔多先动手打人的，所以他很快就被罚下了场，并且接受了球队的惩罚，要在大家面前作检讨不说，还在一段时间之内被禁赛。看到别人都愉快地奔跑在球场上，而自己只能在一边坐冷板凳，罗纳尔多的内心感到非常难过。他不明白为什么自己在球场上的表现不被人注意，却总有人拿他的牙齿做文章。

自卑心理让罗纳尔多开始变得畏畏缩缩，虽然不久之后他又重返赛场，可他总是紧闭着双唇，生怕别人看到自己的龅牙，那成了他心中一个挥之不去的阴影。

眼看着罗纳尔多的表现节节退步，让教练感到非常担心，他仔细地观察了罗纳尔多的训练过程，发现了这一秘密。为了避免露出龅牙，罗纳尔多紧闭着自己的嘴，呼吸受到影响不说，还导致他精力分散，不能全神贯注地踢球。

在一次比赛之中，罗纳尔多又沉浸在这个怪圈之中，时刻提醒自己闭上嘴唇小心露出龅牙，所以总是走神没能接到队友传来的球，错过了射门的良机。教练看到他心不在焉的样子，便让别的队友将他换下场，对他说："你为什么不能全身心地投入到足球中去呢？难道你要时刻惦记自己的龅牙而忘记了你是一名足球运动员吗？"

罗纳尔多惭愧地低下头，他也知道自己不能这样，但对于龅牙的自卑让他不得不这样做。教练语重心长地说："罗纳尔多，你必须忘掉你的龅牙，你应该明白长龅牙不是你的错。如果你不能张开嘴，你就无法自由地呼吸，也就无法尽情地发挥你的球技。如果你真的想让人们忘记你的龅牙，最好的办法不是闭上嘴，而是发挥你精湛的球技，让他们感叹你的优秀，而忽视你的牙齿。"

教练的话让罗纳尔多茅塞顿开，从此他不再刻意地掩饰自己的龅牙，终于敢再次张开嘴自由地呼吸了。而摆脱了心理包袱之后，他的球技也获得了大幅度进步，17 岁时，罗纳尔多就进入了巴西国家队，并且和队友一起赢得了世界杯。年纪轻轻的罗纳尔多引起了世界球迷的注意，不到 20 岁，他就获得了"世界足球先生"的称号，成为世界球王级人物。

在绿茵场上获得肯定的罗纳尔多再也不会为他的龅牙而感到烦恼了，所有的人都将目光投注在他超凡的球技上，他们不仅不会嘲笑罗纳尔多的龅牙，反而认为那是非常有个性的地方。如果当初的罗纳尔多为了掩饰自己的龅牙而不肯张开嘴，那么足球历史上就不会增加这样优秀的一个超级明星，只会有一个气喘吁吁而不肯张嘴呼吸的笑料了。

❮ ❮ 挑战敲门声 ❯ ❯

如果你放下心灵的包袱，那些你所认为的缺点不仅不会成为命运的不公，反而会帮助你获得成就。

每一个人都有自己的缺点，因为没有人是完美的。大家都在追求着隐瞒自己的"龅牙"的方法，可当你刻意掩饰的时候，反而会更引起别人的注意。只有放开你的怀抱，才能让这些缺点不再成为束缚我们的障碍。如果总是被它所禁锢，那些羞于示人的"龅牙"只会成为我们成功道路上最大的障碍。

当我们回头来看时，那些所谓的缺点，其实只在我们的心中，如果你被它们打败，认为它们是不可逾越的，那么它们将永远成为你内心的高山，自然让你难以跨越。

一个天才的球星被自己不太美观的牙齿所限制，差一点因此浪费了自己的足球天赋，成为球场上碌碌无为的人。当罗纳尔多用自己太多的精力去关注龅牙的时候，在与"龅牙"的战斗之中，他已经失败了。而幸运的是，罗纳尔多及时发现了这个奥秘，他发挥了自己的优势，而最终战胜了"龅牙"，成为球场上的王者。

命运的区别

你知道吗？我也是一个瞎子。你相信命运，可我不相信！

在高楼林立的商业区，有一位成就卓越的贸易公司董事长，他叫斯图亚特。在一个阳光明媚的日子里，斯图亚特想要出去走一走，他刚出了办公大楼，就听见身后传来"嗒嗒嗒"的声音，这声音是盲人用竹竿敲打地面发出的，每一个行人听到都会主动为他让路。而斯图亚特也很快就让到一边，让这位可怜的盲人走过去。

盲人来到斯图亚特的身边，身上挂着一个装满打火机的盒子，他说："先生，您需要打火机吗？我是一个盲人，请您买一个打火机，帮助一下我的生意好吗？"

这声音如此耳熟，让斯图亚特忍不住开始回想是否认识这样的一个人，但听到那个人可怜地说自己是盲人时，斯图亚特还是毫不犹豫地买下一个打火机，并且递给他一百美元，说："谢谢你，不用找了。"

慷慨的举动似乎让这位盲人感到非常开心，他好像找到知音一样，一把拉住斯图亚特说："非常感谢您，先生！"说完，他似乎没有要离去的意思，而是喋喋不休地开始讲述自己的故事："您不知道，我是一个命苦的人，其实我并非天生就是瞎子，我也曾是一个健全人，有正常的工作和美满的家庭。可是23年前，这里有一个化工厂爆炸了，我就是那次事故的不幸遭遇者，所以才变成了这样，那真是太可怕了！"

盲人虽然希望博得斯图亚特的同情，但他所讲述的化工厂爆炸事件还是深深地触动了斯图亚特，他停下来深感诧异地问："你是在那次事故里失明的吗？"

见斯图亚特对这件事很有兴趣，盲人连连点头说："是的，是的！您也知道那次事故吗？但是您也许不知道当时的情况，我可是亲历者啊！"

斯图亚特努力抑制住自己的情绪，他问："那您就跟我讲一讲当时是什么情况吧。"

那个盲人说："当时，我是那家工厂的员工，爆炸发生之后，火一下子就冒了出来。人们都开始逃命，可是人群都拥挤在一起，谁也冲不出去。我好不容易冲到门口，可是有一个大个子却在我身后喊：让我出去！我还年轻，我不想死！一边喊，他一边把我推倒在地，踩着我的身体冲了出去！"说着，盲人颓丧地低下了头，难过地说："这是一个多么自私的人啊！您看我现在的惨状，本不该由我来承受，这都是他造成的！"

斯图亚特关切地问："那后来呢？"

盲人接着说："后来我就失去知觉了，等我醒来的时候眼睛已经什么都看不到了！我想，踩着我逃走的人现在也许过着幸福的生活，可是我却变成了一个瞎子，在这里讨生活。生活真是不公啊，唉！"

"事实真的是这样吗？"听盲人讲完了故事，斯图亚特忽然冷冷地问。盲人听到他的话，显然一惊，用空洞的眼神看着斯图亚特，似乎不知道他是什么意思。

斯图亚特气愤地说："23 年前，我也在那家化工厂，当那场爆炸发生的时候，是你从我的身上踏过去的！你比我高大，从后面推倒我时所说的那句话，我永远都忘不了。"

盲人大吃一惊，他抓住斯图亚特的手臂说："这就是命啊！当初应该逃脱的人是你，但我抢走了你的机会。可结果我还是没能逃脱厄运，我变成了瞎子，你还是可以过上富足的生活！原来这就是我们的命运！"

斯图亚特一把推开那个盲人，大声地说："你知道吗？我也是一个瞎子。你相信命运，可我不相信！"

盲人激动地大喊："不会是这样的，为什么我们都变成了瞎子，而你却可以出人头地，我却只能依靠人们的同情生活！"

而斯图亚特理了理自己的衣服，朗声说："因为你相信自己的命运是不幸的，虽然你把别人推倒在地，将生的希望夺走。可是你还是瞎了，你把自己定位为不幸的遭遇者，而我却不愿意相信被你推倒之后只能过惨淡的生活。我现在出人头地，你以为来得容易吗？我所得到的，都来自于这二十多年的努力！纵使由于你的陷害让我变成了瞎子，我也要活得出色！"

司机很快就开车过来接斯图亚特，当他坐车离开的时候，那个盲人还怔在那里。司机问："董事长，要给他零钱吗？"

斯图亚特说："不，如果他觉得自己的命运就是不幸的，那就让他慢慢回味这不幸的命运吧。"

◀ ◀ 挑战敲门声 ▶ ▶

没有人能伤害自己的命运，没有人会让人生的小船颠簸倾覆，因为命运其实就掌握在你自己的手中，除非你首先抛弃了自己。

弱者总是在抱怨命运的不公平，觉得自己所得到的都是最差的命运，而别人却被幸运青睐，轻而易举就会获得成功。但正如古话所讲：可怜之人必有可恨之处。失败的人之所以得到那样的遭遇，是因为他的内心早就深埋了失败的种子，那就是他在命运压迫之下的懦弱。

如果说命运真的对某些人有偏心，那它也是偏向于勇敢、顽强和坚定的人，因为他们不服从于命运的安排，所以他们的勇敢抗争让命运之神更加青睐他们。

遭遇到不公待遇的斯图亚特更有理由去谴责命运，但他没有因此而颓废，他选择了挑战，二十余年不懈的努力让他终于获得了回报。而当初推倒他的那个人，虽然抢夺了逃生的机会，却在不幸的遭遇面前溃败，成为生活的失败者。曰此看来，命运反而是最公平的，它给予了每个人想要的东西，斯图亚特得到了他想要的成功，而这个人也得到了他想要的别人的同情。

忍辱负重的司马迁

人固有一死，或重于泰山，或轻于鸿毛。

在我国历史上，有一位贡献卓越的历史学家和文学家，他便是诞生在西汉时期的司马迁。他一生之中虽然遭遇了很多坎坷，却一直忍辱负重，完成了令人叹为观止的历史学著作《史记》，成为后代历史研究和文学研究的重要范本。

司马迁的父亲是一个很有学问的史官，他从小便跟随父亲在长安学习，十岁的时候已经可以流畅地阅读古文了，通过刻苦的学习，司马迁表现出了少见的天分，这令他的父亲非常欣喜。20岁的时候，司马迁觉得自己应该走出家门，去见识一下书本上所描写的大好河山，于是他告别父亲，漫游在大江南北，从长城到黄河，从泰山到长江，都留下了他的足迹。通过游学，司马迁不仅搜集了大量历史资料，而且还考察了各种文物古迹，增长了很多见识。回到长安之后，按照父亲的意愿，他做了一名小官，开始了循规蹈矩的生活。

安逸的生活没过多久，司马迁的父亲便病危了，临终前，他拉着司马迁的手说："我家世世代代都是史官，将来你也会接替我的职位。很早以前我就想写一部史书，记录这几千年来发生的事情，但这个愿望一直没有实现，现在只能把它交给你。你一定要继承我的事业，千万不要忘记！"

司马迁一边流泪一边坚定地说："我虽然没什么才能，但我一定要实现您这个愿望。"

　　父亲去世后，司马迁接任了他的职位，做了汉朝的史官。担任史官的好处，便是可以在皇家图书馆里阅读各种藏书、档案，由于工作之便，他还可以接触到很多隐秘的历史资料。司马迁如饥似渴地学习着，这些书籍虽然都写在竹简上，非常笨重，但丝毫没有影响到他阅读的兴趣。经过多年的积累之后，司马迁在自己 41 岁那年开始撰写《史记》。

　　公元前 99 年，即天汉二年，在司马迁全神贯注地撰写《史记》的时候，一件祸事从天而降，让他承受了巨大的痛苦和煎熬。

　　这一年的夏天，汉武帝派遣自己的宠妃李夫人的哥哥李广利领兵讨伐匈奴，而飞将军李广的孙子李陵则作为别将追随李广利，押运粮草辎重。不幸的是，李陵带领的五千人马被匈奴的八万骑兵所围困，李陵寡不敌众，经过了八个昼夜的奋力厮杀，他终于因为弹尽粮绝而被俘。

　　这个消息传到了长安，汉武帝本以为李陵会战死沙场，为国捐躯，谁知李陵却投降了匈奴，这让他非常愤怒。满朝的官员都是趋炎附势之徒，他们刚刚还在赞颂李陵，一看皇帝生气，便立刻掉转矛头开始指责李陵投降匈奴的罪过。

　　汉武帝强忍着怒火询问他非常倚重的司马迁的意见，而司马迁对这些见风使舵的大臣极为痛恨，仔细思考了李陵的遭遇后，他耿直地为李陵辩护说："李陵只有五千步兵，深入匈奴腹地，孤军作战，杀死了很多的敌人，立下了赫赫战功。在救兵不至而弹尽粮绝的时候，依然奋勇，就算是古代的名将也只能做到这些了。现在他之所以不死，而是选择投降匈奴，一定是为了寻找适当的机会再报答家国之恩。"

　　这一番直言，和汉武帝当时痛恨李陵的心情相遇，让他认为司马迁在为李陵辩护而故意贬低战败而归的李广利，愤怒之下，武帝将司马迁打入大牢。

　　司马迁仗义执言却得罪了皇帝，被关进监狱之后所遇到的是臭名昭著的酷吏杜周。落在杜周这样的酷吏手中，几乎所有人都会被吓得心惊胆战，而司马迁却依旧一副大义凛然的样子，虽然杜周将诸多非人的折磨都加于他的身上，可司马迁始终不肯屈服。

精神和肉体都受到严重摧残的司马迁，也曾经有过自杀的念头。生不如死的狱中生活让他觉得自己继续活下去已经没有丝毫意义，而他又忽然想到："人固有一死，或重于泰山，或轻于鸿毛。"如果自己就此死了，那会是最没有价值的。而且自己死后，《史记》由谁来完成呢？

狱中的司马迁想到了孔子、屈原、左丘明和孙膑等历史上遭遇重大挫折的人，他们都坚强地活了下来，并没有向磨难低头，而是创建了非同寻常的功绩，让后人瞻仰。如果自己向鸿毛一样死去，没有一个人会记得自己。与古人相比，自己所受到的屈辱不过如此，如果因此而向命运低头，那他只能是一个弱者。想到这些，虽然身体的创伤让他痛苦到极点，但精神却变得异常饱满起来。司马迁的心中只有一个信念，那就是一定要活下去，一定要完成史记。

在狱中经历了多年非人的生活之后，一直到司马迁五十岁，他才得到了自由。此时的他更加珍惜光阴，更加奋发，把自己全部的心血都倾注到《史记》的写作中去了。经过了十四年的撰写，这部五十多万字的巨著终于完成了。

《史记》是我国历史上第一部通史，一共描写了三千年左右的历史，司马迁用自己的毕生精力所撰写的这部伟大著作，不仅是史学的一个巅峰，更是他战胜命运的证明。

≪ ≪ 挑战敲门声 ≫ ≫

在磨难的面前，是选择抗争还是屈服，足以看出一个人精神的坚强程度。

历史上有很多伟大的人物曾经遭遇过重创而依然奋进，不管是孔子、屈原，还是左丘明、孙膑，这些人都没有向命运屈服，他们选择了奋进，挑战苦难的命运。而司马迁则是另一个向命运挑战的勇士，他秉持着自己的初衷，就算身处牢狱、经受了巨大的肉体和精神的折磨，他依然没有放弃。

对命运的抗争让他产生了一股巨大的精神力量，对理想的追求让他经受住了任何的磨难，环境越是恶劣，越能激发他自强不息的精神，因为他从未打算成为命运战斗中的失败者。那些屈服于命运的人，不仅丧失了人生的机遇，更让自己变成了一个懦弱的失败者；而那些抗争命运的人，虽然忍受了巨大的痛苦，却让精神永垂不朽。

苦学成才的范仲淹

我很感激你的好意，但是我已经习惯了粗茶淡饭的生活，如果现在让我享受了这种丰盛的饭菜，以后我还怎么能喝下粥呢？

宋朝时，中国历史上出现了一位名相范仲淹，他虽然出身贫苦，自幼孤贫，却勤学苦读，通过自己的努力奋斗以真才实学成为著名的政治家，在文学史上还留下了许多彪炳史册的作品，是在困境之中崛起的典范。

出生于公元989年的范仲淹，还不满一岁父亲就离开了他，失去生活依赖的母亲谢氏只好改嫁山东淄州长山县一户姓朱的人家，而范仲淹也改姓为朱，在朱家长大。

从小，范仲淹就为自己树立了特别远大的目标，他希望有一天可以出人头地、济世救人，因此学习起来也特别刻苦。

有一次，范仲淹走在街头，碰到了一个算命先生，调皮的他便走过去问："先生帮我看一看，将来我长大后能不能做宰相呢？"

这个算命先生仔细打量了他一番，觉得一个小孩子却说出这样的话，很令人诧异，便笑着说："你才几岁，就想做宰相？这口气是不是有点太大了？"

周围的人也都嘲笑范仲淹小小年纪就说大话，这让范仲淹有一些不好意思，便又改口说："既然这样，那你看看我能不能做医生？"

算命先生又笑着说："你刚才说想做宰相，我说了你一句，就变成想做医生了，这个差距是不是太大了？"

　　这一次，范仲淹并没有害羞，他朗声回答："其实差距并不大，我的问题也还是一样的。因为只有良相和良医，才能救人。所以我只是想问我能不能够救人，而你们却都以为我是贪图宰相的荣华富贵而已。"

　　听一个孩子竟发出这样一番宏愿，算命先生点头说："只要你有这样的想法，将来必定可以成为一名良相。"

　　当时朱家虽然并不缺钱，可范仲淹一直是省吃俭用，养成了简朴的好习惯。而朱家的那些兄弟却不像他，每天都挥霍浪费，范仲淹看不惯就去批评他们，结果朱家兄弟不耐烦地说："我们花的是朱家的钱，与你有什么关系？"范仲淹听到这话，不由得一怔，他觉得朱家兄弟似乎话中有话，便四处打听，才有人告诉他："你是姑苏范家的孩子，是你母亲改嫁才把你带到这里来的。"

　　这件事让范仲淹受到了很大的震撼，他下定决心离开朱家独立生活，于是匆匆收拾了行囊，带上琴剑，不顾母亲的阻拦，毅然辞别了养育他21年的朱家，前往南京求学。

　　求学期间的范仲淹完全放弃了朱家的资助，自己养活自己，而他只是一介书生，因此日子过得特别清苦。但这并没有让范仲淹觉得生活艰难，因为他一直沉浸在学习的快乐之中。每天彻夜苦读的范仲淹总是在别人起床的时候，才和衣躺一会儿。他吃饭也特别简单，每天只煮一锅稠粥，凉了以后划成四块，早晚各取两块，拌上一点儿韭菜末，再加点盐，就算是一顿饭。昼夜不停地苦读，五年来都未曾解衣就枕，疲乏到了极点，就用凉水洗脸，来驱除倦意，这种常人无法忍受的日子，范仲淹却自得其乐。

　　有一位同学发现范仲淹的生活过得如此艰难，深受感动，他回家告诉了自己的父亲，并叫人给范仲淹送来很多饭菜。可是几天之后，这名同学再去看，那些食物却还在那里。同学问："这都是送给你的，你为什么不吃呢？"范仲淹作揖说："我很感激你的好意，但是我已经习惯了粗茶淡饭的生活，如果现在让我享受了这种丰盛的饭菜，以后我还怎么能喝下粥呢？"

一直坚持寒窗苦读的范仲淹，坚定地相信自己不会永远这么贫困下去，因为他要通过读书改变自己的命运。五年过去了，范仲淹终于成为了一个精通儒家经典，博学多才，而又擅长诗文的人。

宋真宗大中祥符八年，范仲淹参加了科举考试，一举便考中了进士。他的努力终于得到了回报。范仲淹将自己的母亲接了过来，赡养侍奉，也恢复了自己的范姓，改名仲淹，字希文，从此步入仕途。范仲淹以天下安危为己任，官至宰相。他的所作所为，都赢得了后人的敬仰，在他去世之后，凡是他从政过的地方，都会有很多百姓为他建立祠堂，每当祭奠时，都会有很多人涌到他的祠堂之中拜祭。当时的人们都像尊敬父亲一样尊敬他，历代仁人志士也纷纷以范仲淹这位北宋名臣为楷模，学习和效法。

《 ‹ 挑战敲门声 › 》

承受生活的磨难，是向命运发起挑战的基础，当一个人可以坦然地接受这些磨难时，就说明他已经开始积累挑战的勇气和力量了。

当一个人不被命运所青睐的时候，他将会承受各种各样的磨难。不管是幼年失去父亲，还是青年出外求学，都是范仲淹所面临的挑战。如果他只是一个碌碌无为的人，也许会寂寂无名地度过这一生，但他不是。

范仲淹的刻苦求学精神已经达到了很多人无法企及的程度，在经过多年的积累之后，他不仅有了远大的志向，更有了渊博的知识，而经历磨炼之后更让他拥有了高尚的品格。在仕途之中不仅成就辉煌，而且真正为国为民，赢得了百姓的尊敬和赞誉，成为彪炳千秋的典范。

不经一番寒彻骨，哪得梅花扑鼻香。只有在冰天雪地之中隐忍坚持，才能让梅花灿然开放，才能让它显得更加芬芳。对于困境之中的人来说，将磨难变成前进的动力，也必然能够创造出骄人的成就。

第八章　创新有新天

引言：

　　在看似平淡的生活之中，往往隐藏着很多不平凡的创想，每一个奇特的构想都足以改变我们的生活。创新可以改变我们的生活，也可以改变世界前进的脚步，一个小小的创意就能让一个人、一个企业发生翻天覆地的变化。在感叹别人为何那么聪明机智的时候，请你仔细地审视自己，只要有足够的耐心和冷静，每个人都会让自己的智慧爆发出来，赢得别人的喝彩。

与众不同的路

一定有人会欣赏这些石头，它会有更大的用处！

在加利福尼亚有一个叫做杰克的年轻人，他的父辈一直都在加利福尼亚开山卖石，这里盛产的石头为当地的人们带来了财富。当杰克长大之后，就像他的父兄一样，也来到山上采石，可是杰克却是一个不安分守己的年轻人，他对父亲说："为什么石头一定要卖给那些建筑商人呢？难道不能卖给其他的人吗？"

父亲摇摇头说："只有建筑商人才最需要石头，别的人不需要。这种工作我们已经做了几十年，你就不要再多想了，好好干吧！"

可杰克是一个想法很多的人，他决定尝试其他的方式。他看到当地的石头全都奇形怪状，然而为了卖给建筑商，却都被砸成小石块。"这太可惜了！"杰克说，"一定会有人欣赏这些石头，它会有更大的用处！"

于是杰克寻访到码头，找到了加州的花鸟商人，展示了这些漂亮的石头给他们看，并签署了协议。从此，杰克就将采到的石头都卖给这些花鸟商，这远比卖给建筑商要赚钱得多。而造型奇特的石头也为杰克带来了不少的财富，两年之后杰克就成了小镇上第一个购买汽车的人。

但这项工作并没有做多久，政府为了保护环境开始限制开采，要求在山上种树，不许再开山采石。于是，这里成了远近闻名的果园，所产的鸭梨汁浓肉脆，非常可口。每到秋天的时候，漫山遍野的鸭梨招徕了八方客商，他们把堆积如山的鸭梨成筐成筐地运往纽约和华盛顿，然后再发往欧洲和日本。

小镇的居民靠着鸭梨都过上了富足的生活，有越来越多的人开始种植梨树。可是杰克此时却又有了新的想法，他发现鸭梨越来越多，但是装鸭梨用的柳条筐却越来越稀少。杰克果断地砍掉了果树，开始种植柳树，客商们随处都可以收购到好的鸭梨，但要买到好的柳条筐却只能找杰克。因此，杰克的收入是那些鸭梨果农的三倍不止。两年过去了，杰克成为小镇上第一个购买别墅的人。

随着鸭梨带动当地的经济发展，一条铁路从这个小镇上穿过，成为贯穿南北的交通线，人们从这里可以向北到达纽约，也可以向南到达佛罗里达。小镇越来越开放了，越来越多的人来到这里，原来的果农也开始做水果加工的生意，人们都在集资办厂，而杰克却依旧不愿意和大家一起去做相同的事。

看到街道上人来人往，小镇边上呼啸而过的火车更是接连不断，杰克再一次发现了唯独属于自己的道路，他没有把自己的土地拿出来开办工厂，而是在地里修建起一座三米高，足有百米长的墙。这堵墙面向铁路，背靠小镇，两旁是一望无际的万亩果园。坐在火车上经过这里的人们，在欣赏梨花盛开的美景时，都会看到这堵醒目的墙。不久之后，杰克就将这堵墙的广告权卖给了可口可乐公司，他只需要在墙上涂上可口可乐的名字，就能够每年收到四万美元的额外收入。因为这堵墙是在附近五百里行程之中唯一的广告牌。

又是两年过去了，杰克成为了小镇上第一个拥有属于自己的服装加工厂的人。

在创立服装加工厂之后，杰克善于找到发财路的消息已经通过人们口口相传，被很多人知道了。大家都佩服他总是能想出令人意外的点子，从而脱离了大家的竞争，获得别人难以企及的成功。英国壳牌石油公司在美洲地区的代表威尔逊先生也听说了杰克的故事，他被杰克罕见的商业头脑所震惊，于是他决定去拜访这个总有奇思妙想的人。

当威尔逊先生找到杰克的时候，他正在自己家的店门口与对面的服装店老板吵架，原因只是对方比杰克的售价要低，当杰克店里的一套西服标价八百美元的时候，对方就标价七百五十美元；而当杰克店里的西服降价到七百五十美元时，对方就会降价到七百美元。因此杰克的店里生意非常差，一个月只能卖出去六七套衣服，而对方店里一个月却会卖出去八百套！

看到杰克和别人为了这样的事情吵架，威尔逊很失望，他对杰克说："这是市场竞争，别人有权利调整自己的价格，你的价格也要在市场之中进行调整，你没有理由和别人吵架！"

而杰克却忽然狡黠地一笑，悄悄地告诉威尔逊："我并没有和他吵架！"

威尔逊疑惑不解地问："你没有吵架？那你在做什么？"

杰克说："我没有必要吵架，因为对面那家店其实也是我的。"

这句话让威尔逊恍然大悟，他再一次被杰克的头脑所折服，原来那些关于杰克的传闻都是真的！他很快便决定聘请杰克担任自己最重要的助手，从此杰克又有了一个大展拳脚的机会！

◀◀ 创新敲门声 ▶▶

在逆境之中需要自强不息地去寻找改变，而在顺境之中也需要人们不断思考、创新，才能让前进的脚步永不停歇。

生活总是对那些善于想象、善于创造的人情有独钟，一个善于想象的人会敏锐地捕捉自己身边的信息，作出更为精细的分析之后，寻找到别人没有发现的机遇，其结果便是他走上与众不同的道路，赢得属于自己的成功。如果杰克只是一个人云亦云的人，他会做一辈子采石工人，或者做一辈子果农，而不会在别人都专注于采石、种果树的时候，成为小镇上最早致富的人。

　　奇迹的诞生看似简单，却蕴涵了很多创造性的思维在其中，如果一个人的思维被限制，他不会找到属于自己的道路，只能跟着别人的足印前进。一个人要想改变自己的生活，就必须要有与众不同的想法，只要有了创造力和想象力，就一定可以为自己找到改变的道路，获得与众不同的收获。

伤疤苹果

这种苹果是我们这里的特产，冰雹也是我们这里特殊天气的产物，相信在别的地方，不会有这样的苹果也不会有这样的天气，所以被冰雹砸过的苹果也是我们这里独有的。

就算是一样的东西，在不同的人手中也会发挥出不同的作用，这个道理对于那些善于创新的人来说，是非常浅显易懂的，因为他们最能从大家都看到的事物之中发掘出别人看不到的东西。

在新墨西哥州高原地区盛产着一种高原苹果。这里由于气候条件和地理位置的特殊性，让生长在这里的苹果树可以长出特别优质的苹果，不仅颜色亮丽，而且果肉甜美，在很多地方都受到了消费者的追捧，成为最受欢迎的苹果种类，只要提到新墨西哥州的高原苹果，几乎是无人不知、无人不晓。

在众多的果农之中，亚历克斯绝对是一个独特的人，因为他的苹果每年都卖得最好。这主要依赖于他是一个非常具有创新意识的人，就算是一样的苹果树，从他的手上卖出去的苹果也会比别人要多。

有一次，亚历克斯的朋友来向他请教："为什么每年订购你苹果的人，都要比我们多呢？要知道，我们的果树都是一样的，苹果的质量也都是一样的。"

亚历克斯笑着说："虽然我们有一样的苹果，但却有了不一样的结果，这说明我们之间还是有不同的。我想问你，你是用什么样的箱子来装苹果的呢？"

朋友说："我们一直都是订购一样的箱子，写上苹果的产地不就可以了吗？"

亚历克斯摇着头说："不，不一样！你所使用的箱子和大家使用的是相同的，和我的箱子却不同。"说着，亚历克斯打开仓库门，指着墙角的一堆箱子说："你仔细看看，我的箱子和你的有什么差别。"

朋友们打开箱子仔细观察了一番，不管是规格大小，还是颜色质地，都是差不多的纸箱，唯一的区别是在箱子的外面，亚历克斯印刷了一些不一样的话上去。朋友问："这是什么？你为什么要增加成本去印刷这些东西呢？"

亚历克斯将箱子上的字展示给大家看，一边说："虽然印刷它们确实提高了我的成本，但却也带来了不少的收获。你们看，我在上面介绍了我们高原苹果的特点，让更多的人了解它，所以人们才会更欢迎这种苹果，每年的订单才会越来越多。"

在箱子的外侧，写着亚历克斯为高原苹果所撰写的一段广告词："如果您对于收到的苹果有任何的不满意，都可以回信给我，苹果您可以继续享用，而货款我却一定会退还给您！"这段话引起了大家的热议，朋友们纷纷说："你简直太傻了，没有人会做这样的承诺！"

而亚历克斯却笑着说："是的，正是因为没有人做，所以我才一定要这么做，这也是我赢得客户比你们多的诀窍啊！"

经过他一番解说，大家才终于搞懂了亚历克斯每年都会有那么多订单的原因。正是由于他在箱子上的一个小小的创新，才迎来了更多客户的信任，让他们记住了亚历克斯和他的苹果，每年都会寄来订货单。大家不由得对亚历克斯的创新做法感到非常佩服。

味道鲜美的高原苹果虽然每年都会畅销，但有时候也会遭受预料之外的打击。有一年，正当苹果要丰收的时候，高原地区多变的天气却忽然带来了一场特大的冰雹。正挂满枝桠的红苹果还没有来得及采摘，就被冰雹砸得遍体鳞伤。亚历克斯和朋友们的果园已经接到了好几千吨的苹果订购单，然而现在要想找到这么多完好的苹果几乎是不可能的，所有的苹果都受伤了，也不会再有销路了。

大家垂头丧气地坐在果园里，看着原本红灯笼一样的苹果，一个个因为被冰雹敲打而变了色。果农们都说："我们正是因为居住在高原地区，所以才能种出这么优质的苹果。但也正是因为这里是高原，所以总会有意想不到的天气，冰雹袭击苹果园真是让人猝不及防啊！"

年轻的人们纷纷问老农："那要怎么办？以前下了冰雹，我们的苹果都是怎么卖出去的？"

老农摇摇头，说："卖出去？谁会买这种伤疤苹果呢？几十年来，只要遇到冰雹，我们就只能自认倒霉，这一年的收成就全都泡汤了。"

听了这个消息，大家的心情更加难过了。而亚历克斯却说："不要难过，我们不要总走以前的老路，一定会有解决的办法。"

朋友问亚历克斯："你是一个足智多谋的人，快说说看你有什么办法没有？"

亚历克斯凝神想了想，说："这种苹果是我们这里的特产，冰雹也是我们这里特殊天气的产物，相信在别的地方，不会有这样的苹果也不会有这样的天气，所以被冰雹砸过的苹果也是我们这里独有的。"

朋友说："虽然是独有的，但却没有人买，结果还是一样。"

"不！"亚历克斯说，"会有人买的，只要我们告诉大家这些苹果的优点。"说着，亚历克斯俯身捡起一个打落在地上的苹果，擦干净上面的泥土咬了一口，他发现这种被冰雹打过的苹果似乎比以前更加清香醇甜，一个绝妙的想法在他的脑海之中油然而生。

亚历克斯立刻拿出笔，撰写了一段文字："亲爱的顾客，您没有看错，这批苹果个个身上都有伤疤，它们是冰雹打出来的伤痕，也是高原地区出产的苹果特殊的印记。这种苹果具有妙不可言的高原香甜，请您品尝！"他让人找到广告商，将这一段文字放进装苹果的箱子里，然后发给自己的客户。

　　当客户们收到亚历克斯的苹果时，也看到了他随箱附赠的那封信，他们半信半疑地咬了一口苹果，发现这种伤疤苹果果然比以往的要香甜，具有着特殊的香气。

　　从此，亚历克斯的高原苹果更加闻名遐迩，由于亚历克斯独特的想法，天灾没能阻拦住苹果的香甜，也让它们更加畅销不衰。

◀ ◀ 创新敲门声 ▶ ▶

　　亚历克斯的成功，是由于他不墨守成规，也得益于他发散性的思维，创新的大脑让他总是掌握到别人未曾发现的机遇，这正是我们在生活中最需要的智慧。

　　亚历克斯没有像以往一样，单纯地使用包装箱，而是将它们作为广告的载体，他作出了赔偿的承诺，让大家对高原苹果更加信任。而面对天灾的时候，亚历克斯没有像前人一样默默承担损失，而是选择将伤疤苹果的优点告诉顾客，促使他们接受这种被冰雹砸过的苹果。

　　当难题出现在我们的眼前时，很多人都会依照以往的经验去寻找解决的方法。但是以往的经验只能适用于当时的情形，当情况有所改变的时候，就需要按照当时的情况寻找最恰当的途径。

覆盖富士山的咖喱粉

这家饭店之所以生意兴隆，正是因为新闻媒体的报道让它吸引了大家的注意。那么为什么我们就不能利用新闻媒体的力量，来让大家都注意名不见经传的 S 公司呢？

在日本有一家生产咖喱粉的 S 公司，在它诞生之初遭遇了非常大的市场困境。由于是一个新生的牌子，所以人们并不了解 S 公司，以致它的产品难以打开市场销路，滞销的产品在仓库里高高地堆积起来，公司也眼看就要破产了。

为了挽救这家濒临倒闭的公司，总裁请所有的人都来想办法促进产品的销量，可是所有手段都尝试过了，依然没有任何的改观，由于止步不前的销售量，公司的经理们也都一个个引咎辞职，连总经理也都换了三四个。

作为继任者的田中先生坐在总经理办公室里，眉头紧锁地想着办法，他深知造成产品销量不好的原因是消费者对于 S 公司的品牌非常陌生，很难注意到它的咖喱粉产品。田中先生请销售员们都来出谋划策，有人提出降价，有人提出做广告，甚至有的人提出将公司转手卖掉。这些想法之中似乎只有广告显得可行一些，可这个方法之前的总经理都已经尝试过了，并未取得良好的效果。

田中很严肃地说："我们的产品现在积压在仓库，销售量也在一天天萎缩，再这么下去公司的资金会一天天减少，终究有一天各位都会失业的。为了让大家都不至于没有工作可做，还是来集思广益，想一些真正有用的办法吧！"

销售员们都说："做一个吸引人的广告的办法，此前也一直在尝试，但效果都让人很失望。实在不行，我们就再找报纸做一次广告，作为最后的一搏吧！"

这个说法遭到了别人的反对："经验已经证明，做广告是没有用的，我们以前又不是没做过，还是想别的办法吧。"

两派持有不同意见的人吵吵闹闹，半天也没能得出一个真正切实可行的方法。田中也感到非常头疼，他无意之中瞥了一眼桌上的报纸，忽然被一条新闻吸引了。

这条新闻讲的是一家东京的饭店遭遇了工人的罢工，这在劳资关系一向非常和谐的日本是很少见的，于是很快就引起了媒体的兴趣。他们纷纷报道了这家饭店的罢工事件，引起了广泛的关注之后，纠纷很快就解决了，饭店给所有的工人都涨了工资，让他们回到工作岗位上。此次事件平息之后，原本生意冷淡的饭店由于有了知名度而吸引了很多的客人，居然出现了异常兴隆的局面。

看着这条新闻，田中的脑海中忽然闪过一道灵光：这家饭店之所以生意兴隆，正是因为新闻媒体的报道让它吸引了大家的注意。那么为什么我们就不能利用新闻媒体的力量，来让大家都注意名不见经传的 S 公司呢？

田中马上把自己的想法告诉了大家，众人对这个奇特的主意展开了激烈的讨论，而在田中的心里，一个吸引眼球的好方法已经逐渐形成了。

第二天，田中先去请自己的几位得力助手去拜访了几家大型的报社，并请记者撰写了一条惊天消息：有一个专门生产优质咖喱粉的 S 公司，由于产品产量过大，打算将剩余未销售出的咖喱粉用直升机撒到富士山上，将白雪皑皑的富士山改变成咖喱粉的颜色。

这条消息在《读卖新闻》、《朝日新闻》等几家大型报纸上赫然刊登之后，迅速引起了读者们的强烈反应。因为富士山作为日本最著名的景点，是日本的象征，更在日本人心中有着至高无上的地位。它纯洁的白雪是最神圣的，怎么会有人敢撒咖喱粉来覆盖这些白雪？

随着国内舆论一片哗然，虽然有很多人都知道 S 公司是故弄玄虚，但还是引来了一片指责声。原本寂寂无名的 S 公司霎时成了人们议论的热点，关于 S 公司为什么要这么做、他们有没有权力这么做的讨论，成了各界人士的言论焦点。一连很多天，关于 S 公司的新闻都出现在报纸的头条，电视、电台节目中，它也成了人们攻击的对象，甚至有消费者联合起来放话说：如果 S 公司胆敢这么做，我们就联合起来拒绝购买它的产品，让这家公司倒闭。

在经过了一段时间的声讨之后，S 公司已经可以说是家喻户晓了，在临近它所宣布的要在富士山山顶撒咖喱粉覆盖白雪的日子时，S 公司发表了声明，表示由于大家的反对，公司决定取消这次行动，以平息民愤。

人们敲锣打鼓地庆祝着自己的胜利，由于大家同心协力，才保护了富士山的美景不受破坏。而田中和 S 公司的员工们也在庆祝自己的胜利，由于他们独辟蹊径，居然让公司起死回生。很多消费者对于 S 公司的咖喱粉产品充满了好奇，而由于它所计划的壮举，更让人以为这是一家实力超凡、财大气粗的公司。很多的商场、超市开始出售 S 公司的咖喱粉，一下子就让它成为了市场上的畅销品。

由于这一着出人意料的妙棋，田中让 S 公司的命运瞬间就改变了。现在，这家公司的产品在日本国内市场占有率高达百分之五十！

‹‹ 创新敲门声 ››

创新挽救了一家濒临倒闭的公司，也可以改变你我的生活，只要善于运用创新的思维，我们就会获得它所带来的惊喜。

在公司陷入困境之后，如果依旧按照正常的途径去宣传推广，是很难挽救当时的形势的，只有独辟蹊径才能取得起死回生的效果。田中在看到新闻媒体的力量之后，迅速而主动地将这种媒体力量利用起来，同时利用人们心中对于富士山的崇敬，引起了这样的轩然大波，最终达到了让更多人了解S公司的目的。这种手法以前从未有过，更没有人敢于这么做，所以田中的策略取得了空前的成功。

创新的力量有多神奇！因为它总是令人出其不意，所以在人们最不在意的时候，创新会突然跳出来，深刻地刺激人们的神经，产生深刻的印象，达到意想不到的效果。这也正是创新的魅力所在，让人们想要不断地去寻找创新途径，取得事半功倍的良效。

失误带来惊喜

可口可乐的发明其实就是一个失误，却让它成了全世界最受欢迎的饮料！吸水纸的发明也是一个失误，它却方便了人们的生活，为发明者带来无数的财富。

在生活之中，难免会因为各种情况而导致失误。然而，失误所带来的不一定都是失败，有时候，人们会因为偶尔的失误而创新出一个惊喜的局面，可口可乐的发明其实就是一个失误，却让它成了全世界最受欢迎的饮料！吸水纸的发明也是一个失误，它却方便了人们的生活，为发明者带来无数的财富。

在 1885 年，亚特兰大有一个名叫潘伯顿的业余药剂师，在经过了很多次的实验之后，以柯拉树叶和柯拉树籽为基本的原料，从中提炼出了有益的营养成分，制成了一种具有兴奋作用的健脑药汁。

潘伯顿对自己的发明充满了信心，他走访了很多家医院和药店，向他们推销这种全新发明的药剂，希望可以获得市场的认可。但让潘伯顿感到失望的是：新的药品很难被人们接受，何况他只是一个没有宣传推广途径的药剂师。所以这种健脑药剂成为药店滞销的药品之一，长期摆放在那里，无人问津。

正在潘伯顿逐渐放弃的时候，机会却在不经意间出现了。有一个病人由于头痛难忍，跑进药店要买头痛药，但由于当时药铺里别的药都卖完了，于是店员便推荐他试一试这种健脑药汁，因为根据潘伯顿的试验，它也有止痛效果。

病人拿起来看了看，不信任地说："这种药汁可以让我不再头痛吗？"

店员说："当然可以，不信你先试试。"

由于没有别的药可用，病人只好答应尝试这种新药。当时的健脑药汁非常浓缩，所以在病人饮用的时候，需要先加入水。而这个粗心的店员却将苏打水当成了自来水，加到了药汁里面。当他发现的时候，那名病人已经一饮而尽了。

店员慌张地说："先生，你有没有什么不适的症状？"

病人摇摇头，他努力体会了一会儿说："我感觉自己的头痛似乎好多了。而且，你给我的这种药水口味很不错，它叫什么名字？"

这个因失误引起的变故被潘伯顿看在眼里，他受到了启发，立刻尝试了在健脑药汁中加入一定量的苏打水，当他品尝之后发现口味确实非常不错，而且还可以提神醒脑。于是原来"包治百病"的健脑药汁，成了"芳醇可口"的可口可乐：从药剂摇身一变成了饮料，并从此逐渐风靡全世界，成为最受欢迎的饮品。

与因失误带来创新的可口可乐相类似，吸水纸也是这么发明的。

当时有一个穷苦的工人在造纸厂上班，由于高强度的劳动，他已经疲惫不堪，但为了保证造纸厂流水线的正常运转，老板逼着他不断加班。这名工人强打精神在车间里忙碌着，等到不那么忙的时候才偷偷打个盹儿。

在忙碌的车间里，任何一个环节的失误都会带来整个生产线的瘫痪。这名工人负责的是配置造纸所需要的药水，在他一边打盹儿一边工作的时候，药水的配方被记错了，所以生产出的一批纸根本无法书写。

后期的工人发现了这个情况之后，很快就汇报了老板。老板看了看这种"奇怪"的纸，很恼火地吼道："因为你的失误，你知道我要损失多少钱吗？可是我却还要为你付工资，这样做公平吗？"

为了养家糊口，二人不断哀求老板，希望可以让自己通过加班和努力工作来补偿。而狡猾的老板却说："我不能留你在这里继续工作了，否则你的粗心大意还会让损失变得更多。而且我也不打算支付你工资了。"

工人大吃一惊，忙问："那我要怎么办？我家里还有妻子和孩子需要吃饭呢！"

老板说："这批不能写字的纸，都是因为你的失误造成的，那就用这批纸来顶替你的工资吧！"

看着掉头离去的老板，这名工人感到无限悲哀，却又束手无策，他只能将这些纸都搬回家。正当他在家里看着这些无用的纸灰心丧气的时候，他的儿子忽然发现这批纸居然可以吸水，而且效果特别好。

于是这名工人很快就想到了让失误转变成财富的方法，他将这些纸裁成小块，取名为"吸水纸"，投入市场之后广受欢迎，成为热门产品。而这个因为失误而造就了这种新发明的工人，也将他的"失误配方"注册申请了专利，并因此成为大富翁。

◆◆ 创新敲门声 ◆◆

失误是正确的先导，是通往成功的阶梯，正是因为走出了失误的一步，才让大家知道了追求成功要朝什么方向前进。

因为人们太在意成功，太关注循规蹈矩，所以失误总被认为是错误，也就一直承受着被忽视的命运。失误所产生的并不都是废物或者恶果，有一些失误会带来歪打正着的妙用。有一些宝贝放错了地方，会成为废物，而有一些废物放对了地方，会成为宝贝。马克思曾经说过："人要学会走路，也得学会摔跤，而且只有经过摔跤他才能学会走路。"当我们经历失误的时候，一定不要忘记它也是走向成功必须经历的一步。

在探索和创新的道路上，失误是一件不可避免的事情，只有那些什么都不去尝试的人，才不会有失误。经过了一番挫折，人们会增长一番见识，这就是失误对于人类特殊的教育，同时也是最宝贵的经验。

机智求生

一个有智慧的人必然能够化解突然出现的困境，以最快的速度找到解决问题的办法。

自古以来，机智都被认为是一个人聪明的重要标准，一个有智慧的人必然能够化解突然出现的困境，以最快的速度找到解决问题的办法。而古人之中不乏拥有这种智慧的人，他们在面临危险的时候，可以迅速反击，保全自己。医机智而让自己逢凶化吉的逢丑父与刘邦，就是其中的佼佼者。

在春秋时期，诸侯国为了争霸不断进行着战争。当齐顷公的军队和晋国军队交锋的时候，他对自己的侄子逢丑父说："这一次战争非常凶险，你我都有可能有去无回，只能自求多福了。"

而逢丑父作为臣子，坚定地说："您不用担心，不管出现任何的危险，我都会守卫在您的身边。"

战争开始之后，晋国军队的实力果然超出齐军很多，齐顷公的部队很快就被打得落花流水。一败涂地的齐顷公眼看就要命丧沙场了，逢丑父忽然急中生智，要求与齐顷公互换衣服，让敌兵们以为自己是主帅。

齐顷公非常感动地说："别人都说你是一个非常聪明的人，现在这种情况，你如果真的聪明就应该赶紧逃走，为什么还要和我换衣服？要知道我是晋军的目标，你穿了我的衣服只能让自己更加危险！"

逢丑父拉住齐顷公说："您是君主，我是臣子，在危难时刻，保护君主是臣子的责任。如果我的智慧只是为了保护自己的性命，那只能被世人耻笑；而如果我的智慧保护了国君的安危，才能算是真正的智慧，才能被人所敬仰。"

不由得齐顷公拒绝，逢丑父很快就和他掉换了衣服和车马。晋军一路追赶上来，发现了齐顷公的车驾，在车里也抓到了穿着国君衣服的人，他们认为自己抓到了齐军的主帅，很快便班师回朝了，而真正的齐顷公却穿着逢丑父的衣服远远地逃走了。

当逢丑父被抓到晋国的都城之后，大将们都纷纷前来领功，谁知道仔细一看，抓到的居然不是齐顷公，而是他的臣子逢丑父。大怒之下的晋军将领要将逢丑父杀掉，可逢丑父听到这个消息，却忽然大笑起来。

晋军将领疑惑地问："你听到我要杀你，怎么不害怕，反而笑起来？难道你真的不怕死吗？"

逢丑父笑着说："从古到今，还从来没有一个自愿地代替国君去死的人，现在我逢丑父就做到了这一点。现在，你们晋军就要将我杀死，我作为替君主去死的忠臣，将会被后世的人永远缅怀，而你作为杀死我的人，却将会被永远谴责。晋国的臣子们，请你们将我作为一面镜子，看看你们自己是一副什么嘴脸吧！"

晋军将领沉思了半天，他知道杀死逢丑父对自己一点好处都没有，反而会因此落下千古骂名，并成就逢丑父赤胆忠心的好名声。最后，他只好无奈地一挥手，让士兵们为逢丑父解绑，并放他返回了齐国。

逢丑父用自己的机智，让本来要杀死自己的晋军将领改变了主意，保住了自己的性命。而刘邦则是使用同样的方式，挽救了自己的父亲。

在秦末起义军风起云涌之时，刘邦和项羽分别率领着一支队伍开始了推翻秦王暴政的战斗，两个人曾经结拜为兄弟，希望可以合力获得最后的胜利。但当秦王朝覆灭之后，却由于利益纠纷两个人对立了起来，刘邦和项羽率领各自的军队开始了历史上著名的楚汉之争。

在对峙一段时间之后，刘邦凭借手下兵多将广的优势，不断打击项羽的势力。他手下有一员猛将叫做彭越，多次出其不意地切断项羽的粮草，让楚军陷入困境。项羽每每想到这些，就觉得非常痛恨。

为了扭转日渐被动的局面，项羽想出了一条不太光明的策略，他派人去抓来了刘邦的父亲，并送信给刘邦说："如果你不命令彭越把部队撤走，我就把你的父亲杀死煮熟了吃掉，你自己看应该怎么办吧。"

依照项羽的推测，刘邦一定会为了挽救自己的父亲而让彭越撤军，自己就可以乘机突围，发兵攻打汉军了。如果刘邦不愿意用撤军来交换作为人质的父亲，那他必然要背负天下人的骂名，没有人会愿意追随一个置自己父亲的生死于不顾的人，就算是刘邦获得短暂的胜利，也会很快失去人心。

刘邦收到信之后，确实感到左右为难，他焦急万分地徘徊不停。如果按照项羽的意愿撤回彭越的军队，那只能是便宜了楚军；而若不撤军，自己的父亲就将要死于非命，成为项羽的刀下亡魂。在撤军或不撤军之间，没有第三个选择，无论是便宜项羽还是放弃父亲，都让他难以接受。

正当刘邦一筹莫展的时候，他的谋士中有人忽然感叹："项羽当年还和您结拜过，如今却拿您的父亲作为人质，简直太过分了！"

刘邦一听这话，忽然计上心头，他马上写了一封信，让信使快马加鞭送给了项羽。

项羽收到信，打开一看，上面写着："你我曾经称兄道弟，所以我的父亲也就是你的父亲，如果你真的想要杀死我们的父亲煮了吃，那到时候别忘了也给我一碗汤喝。"

短短的几句话，让向来以讲义气著称的项羽陷入困局：自己与刘邦曾"约为兄弟"。如果杀刘父，则如杀己父，必让天下人骂为不孝；如果不杀刘父，则眼下摆脱不了困境。最后，项羽只好无奈地释放了刘邦的父亲。

◀ ◀ 创新敲门声 ▶ ▶

智慧可以让人起死回生，也可以让危险瞬间化为无形，只要有智慧的地方，就会有思路，有出路，有生路。

面临危急时刻，是否有冷静的头脑并保持敏捷的思维，能看出一个人的智慧水准。逢丑父在瞬息万变的战场上，选择牺牲自己保护主帅，而在生死关头，他还能谈笑自如，让敌军认识到杀自己绝无好处，反而有很多坏处，可见他的勇敢和机智都无人能敌。如果有一丝的慌乱，有一句话说错，都可能加快他的死亡，但他却可以化险为夷。

而刘邦所面对的则是身处险境的父亲，如果他因救父心切而乱了阵脚，就会完全掉进项羽的圈套，他的冷静与机智，不仅化解了父亲的危机，还使自己得到了最终的胜利。

这两位古人所表现出来的敏捷思维，都足以令人赞叹，有如此勇气和智慧，又何愁不能建立功业呢！

鸽子带来的机遇

在我们的大楼里，来了一群特别的客人，它们可以为大家带来一个宣传楼盘的机会。

在繁华的纽约市中心，有一位房地产商开发建造了一座60层高的大楼，这座楼不管是建筑设计还是施工用料，都非常地优良，但由于周边楼盘蜂拥而出，导致此楼销售很不理想。在电视、报纸等媒体上所投放的广告全部都是模式化制作，和人们此前看到的楼盘广告并无不同，导致人们没有留下什么深刻印象，更不会因此带来多少客户。看到自己的楼盘和别的楼盘被混淆，而广告又引不起别人的注意，开发商感到非常焦急。

在大家都为了如何提高楼盘的知名度，以及如何吸引客户而一筹莫展的时候，守卫大楼的保安人员忽然打来电话说："经理，有一群鸽子飞进大楼里了，而且它们似乎没有要飞走的意思，在一个空房间里住了下来。"

经理很生气地说："那就快点赶走它们，如果在房间里发现了鸟粪，会更加影响我们的销售！"

保安无奈地说："但我们这里人手不够，所以希望您能派一些人来增援。"

经理一听感到非常恼火，他大声地说："连一群鸽子都赶不出去，我真不知道你们能做什么。"

在一旁的公司总裁听到了经理和保安的这番对话，忽然灵机一动，对经理说："先不要着急，让保安不要惊动那群鸽子，不要让它们飞走。也许这些从天而降的鸟儿是我们的一次机会。"

　　总裁很快召集了公司营销人员，让他们开始部署一个围绕着鸽子展开的宣传计划。他说："在我们的大楼里，来了一群特别的客人，它们可以为大家带来一个宣传楼盘的机会。小动物们可以引起很多人的注意，这其中包括了动物保护机构和媒体，当然也会引起很多热爱动物的民众。以往的广告都没有取得理想的效果，这一次，我们要做一个标新立异的广告。"

　　有职员提出："鸽子飞进民居一般会有动物保护协会的专业人员帮助捕捉，因为不懂的人会伤害这些鸟儿。我们可以打电话给他们，让专业人士来帮我们。"

　　也有人说："现在大家正在倡导环保理念，希望通过人类的努力改善生态环境，这个话题应该会引起电视台的关注，这也算是社会新闻了。"

　　总裁见大家各抒己见，都提出了自己的看法，便笑着说："我们不会单独使用某一方面的力量，要将它们结合起来才能达到宣传的目的。动物保护协会和电视台都要参与到这件事中，现在我们需要做的就是如何吸引它们过来。"

　　首先，他让人打电话给纽约的动物保护协会，请他们对于无意闯入居住区的小动物们提供救助。总裁助理告诉动物保护协会："我们这里飞进来一群鸽子，为了不伤害它们，所以我把门都关起来了。请您赶快派专业人士过来协助捕捉，不然它们会受到惊吓，也许还会受伤。"

　　等动物保护协会的人答应过来捕捉鸽子的时候，广告部很快就联络了当地电视台和报纸等媒体，告诉他们："动物保护协会要进入到一个新建的大楼里捕捉一群鸽子，这是对小动物的保护，是一次很有代表性的环保行为。"媒体都觉得这件事很有新闻价值，于是很快就动用了各种手段，大力宣传人与鸽子的和谐相处，说明我们的生态环境已经获得了很好的改善。

　　一切都安排就绪之后，房地产公司派人守住大楼里的鸽子，帮助动物保护协会捕捉，而接待新闻媒体的人则带着他们走进大楼，记录了整个捕捉的过程。紧锣密鼓的捕捉鸽子过程之中，镜头里出现了这座设计优良的大楼，利用活动之中的各个环节，大楼的优势也得到了宣传。而在新闻之中频频露面的开发商则畅谈了自己对于环保的看法，一再强调"我们的大楼吸引了鸽子的到来　说明它很安全、很自然，也很环保，所以对于这群'不速之客'，我要表示欢迎"。

捕捉鸽群是一个漫长的活动，因为鸽子的数量较多，这件事持续热闹了一个星期，鸽子们才全部被捉走。新闻报道过程之中媒体饶有趣味的跟踪，让人们在关心小鸽子的同时也对这座大楼更加了解了。而此时进行的大楼宣传也显得非常吸引眼球，大楼的销售量在捉鸽子的这一个星期之内猛增，不到一个月全部的房子就都卖光了，而且房价居然比其他的楼盘都要高。

在守护大楼的保安人员眼里，那一群飞进大楼里的鸽子是必须要赶走的麻烦，因为这里不是鸽子的地盘。而对于具有创新思维的房地产商而言，这群鸽子却成了他宣传大楼的难得机遇。传统的房地产广告无法带来任何效果，而出其不意的宣传方式则引起了大家的好奇与关注。表面上这群鸽子的到来给大楼带来了一片混乱，而事实上，正是由于这群客人的到来，才创造出这样一个绝妙的宣传方式。

◀ ◀ 创新敲门声 ▶ ▶

对一个有创新意识的人而言，就算是平常所见的世界，也可以为他带来新的思维，让他找到新的变化。

在我们的生活之中，从来不会缺少机会，人们之所以总是抱怨自己没有得到机会，只是因为他们缺少发现机会的眼睛，更缺少对于机会的巧妙运用。

机遇只偏爱那些有充分准备的人，只垂青那些懂得怎样追求它的人。对于别的房地产商而言，那群鸽子也许带来的只有烦恼，这幢卖不出去的大楼会因为被鸽子弄脏而更加滞销。可对于有创新意识的房地产商而言，鸽子也许会把房间弄得一团糟，但也会带来让人们认识大楼的机会，带来让大楼畅销起来的机会。通过结合环保理念而进行的一番宣传，果然得到了他所预期的效果。

可见，如果我们没有一双发现机会的眼睛，没有一个具备创新思维的大脑，属于我们的机遇反而会变成困扰我们的烦恼，它也只会在我们的眼皮底下悄悄溜走。机会是普遍存在的，但它不会对任何人主动，只有能发现它并珍惜它的人，才能找到属于自己的机会。

仅仅一毫米

创造性的思维在生活中处处闪光，它不是专家们的专利，普通人也可以提出最佳的创意。

在日本有一个生产牙膏的厂家，他们的牙膏虽然有着过硬的产品质量，但销量却一直在徘徊不前，厂长为此感到非常焦灼，他要求全厂的职工都来献计献策，只要能促进产品的销量，就对献策者进行巨额奖金的奖励。

这条消息出现之后，全厂上下出现了研究市场营销的风潮，员工们为了得到那份巨额的奖励而前赴后继，不断有人写信给厂长，提出自己的建议，并一再强调自己可以促进牙膏销售，成为让厂子起死回生的工程。

经过一段时间的征集，厂长还是没能得到自己想要的计策。他的太太询问道："为什么那么多的人在献计献策，你还是找不到适合的方法呢？难道没有一条是有用的吗？"

社长说："所有提供建议的人，全都是按照别人已经做过的模式，没有什么人提出新的想法。"

在厂长的办公室里，确实堆积了很多的来信，他逐一翻开仔细地阅读着。可他发现这些来信或者是抄袭书本，或者是抄袭别人的推广手段。有人建议改变牙膏的口味，让各种水果的味道都可以在牙膏之中找到；也有人建议让牙膏的包装更加花俏一些，可以吸引人们的购买欲望；还有人建议寻找当红的明星来做代言人，让广告推广增加牙膏的销售。

事实上，这些方法都已经尝试过了，改变口味和包装之后，只能带来一小段时间牙膏销售量的提升，但很快又会被人们遗忘；而邀请当红明星做代言的方式却需要大量的资金投入，对于这样一个小牙膏厂来说，实在是不能负担的开销。

一个月过去了，还没有收到任何有意义的献策。在全厂大会上，厂长懊恼地说："我们所设立的奖励，是针对那些可以提出切实可行的办法的人，如果你们只是抄袭别人的想法，或者提出一些莫名其妙的建议，那就只能望洋兴叹了。"

这时，有一名员工举起手，表示自己有话要说。厂长不以为然地点点头，示意他站起来说话。

这名员工很害羞地站起来，低声说："我有一个办法，可以让牙膏的销量提升。"

厂长不耐烦地说："是改变口味还是改变包装？如果还是这样的办法的话，你就不用再说了，我已经知道了。"

员工说："不，不是这样的。这些方法我虽然都想过，但觉得不适合我们的产品。"

厂长问："那你的建议是什么？"

"把牙膏的开口做大一毫米。"

"什么？"厂长一下子没有反应过来这名员工的意思，"这有什么意义？还是在包装上做文章。"

"它和在包装上做文章不一样。一般人使用牙膏的时候，每次都会挤出差不多的长度，从来不会注意牙膏是粗还是细。如果我们可以将牙膏开口做大一毫米，他每次挤出来的牙膏量就会不知不觉地增加了。一个人增加一点，十个人就多了，所有的用户都加大了使用量，我们的牙膏销量也自然提高了。"

听了这名员工的解释，厂长茅塞顿开，他激动得一拍桌子，大声说："对！就是这样！"

按照这名员工的建议，牙膏厂并没有投入太多，只是对牙膏包装的模具进行了改进，让开口稍微加大。微小的一毫米虽然不足挂齿，但当它积累起来，却成为一个可观的数据。随着这批经过改造的牙膏投入市场，用户的使用量开始变大，这家牙膏厂的销量开始逐渐提高。而那名提出建议的员工，也因此得到了那份巨额的奖励。

无独有偶。这种通过一个小小的创新改变而带来巨大效益的例子，也曾经在我国发生过。

在一家生产调味制品的厂子里，味精的销量一直不好，调料厂的领导为了增加销量而绞尽脑汁，最后还是一点办法都没有，于是决定利用群众的智慧来解决这个问题。

当问题被通知到每个人之后，调料厂的员工也都在思考着怎么让味精增大销量。广告部、销售部等部门的人虽然对于市场和推销都非常在行，可他们的建议却毫无创意，因此被厂子领导拒绝了。谁也没想到，最后提出好办法的居然是一位味精生产线上的女工。

这名女工是一名普通的工人，她勤勤恳恳地在味精生产线上工作，而在家里更是一个贤惠的家庭主妇。当她看到身边那些制作好的味精瓶时，又想起自己在家做饭时所使用的味精，一个简单而富有创意的想法冒了出来：在味精瓶的内盖上再多加一个孔。

对于这个建议，女工的解释是："我们厂所生产的味精都是装在一个小味精瓶里的，瓶子的内盖上有四个小孔，我是一个流水线上的员工，所以对这个非常清楚。但同时我也是一个家庭主妇，在家做饭的时候，我总是拿起味精瓶，打开外盖，对着菜锅用力甩几下，让瓶子里的味精通过四个小孔掉进食物里。根据我的经验，一般的主妇对于味精放多少并没有进行过精确的测量，她们只是甩三四下。所以，当我们生产的味精瓶是四个孔的时候，她们那样甩；当味精瓶加到五个孔，她们还是那样甩。但结果却是在不经意间，味精就被多甩出了25%。"

每一个顾客多增加了25%的用量之后，累积起来的数据也是惊人的。而对于味精厂来说，这个建议根本不需要再投入什么，是最简单易行，且效果最明显的。

可见，创造性的思维在生活中处处闪光，它不是专家们的专利，普通人也可以提出最佳的创意。它也不是只有重大问题的时候才有用，一个小小的改变，就可以轻易地改变一个企业的命运。

◀ ◀ 创新敲门声 ▶ ▶

创意无处不在，它来自于生活，当我们仔细地观察、分析了身边的事物，让自己的思维更加自由地驰骋时，就能找到最佳的创意。

不要认为创意只有在那些翻天覆地的大变化之中，才值得去使用，就算是一个小小的改变，都可以体现创新精神，并带来让人惊叹的效果。一支开口加大一毫米的牙膏，和一个被增加到五个孔的味精瓶，虽然都只是小小的创新，却让一个企业从此走上了飞速发展的坦途。创新思维的妙用在生活的任何一个角落都在闪光。